高等职业教育机电类专业系列教材

机电一体化技术基础

主　编　卓　民

副主编　尚川川　徐笑笑

主　审　夏春荣

西安电子科技大学出版社

内 容 简 介

    本教材主要内容包括机电一体化技术概述、机械基础知识、传感与检测技术、伺服传动技术、计算机控制及接口技术、可靠性和抗干扰技术、典型机电一体化系统(产品)分析七个章节。每章后附有学习评价表，便于自学自测。教材内容简单基础、可读性强，又不失知识面宽、有新技术新应用等特点。

    本教材可作为职业院校机电一体化、数控、工业机器人等专业的教材，也可作为相关行业的岗位培训教材及有关人员的自学用书。

图书在版编目(CIP)数据

机电一体化技术基础 / 卓民主编. —西安：西安电子科技大学出版社，2021.6
ISBN 978-7-5606-6039-4

Ⅰ. ①机…　　Ⅱ. ①卓…　　Ⅲ. ①机电一体化—职业教育—教材　　Ⅳ. ①TH-39

中国版本图书馆 CIP 数据核字(2021)第 065603 号

策划编辑　李惠萍　　秦志峰
责任编辑　李惠萍
出版发行　西安电子科技大学出版社(西安市太白南路 2 号)
电　　话　(029)88242885　88201467　　　　邮　　编　710071
网　　址　www.xduph.com　　　　　　　　　电子邮箱　xdupfxb001@163.com
经　　销　新华书店
印刷单位　咸阳华盛印务有限责任公司
版　　次　2021 年 6 月第 1 版　　2021 年 6 月第 1 次印刷
开　　本　787 毫米×1092 毫米　1/16　印　张　10.25
字　　数　240 千字
印　　数　1~2000 册
定　　价　24.00 元

ISBN 978-7-5606-6039-4 / TH

XDUP 6341001-1

如有印装问题可调换

前　言

　　机电一体化技术是现代工业技术和产品技术集成的体现，它将机械与微电子技术有机结合，实现了系统性能最佳化。随着机械技术、微电子技术、信息技术的飞速发展和应用，机电一体化技术也发展迅猛，被认为是现代智能制造的重要手段与措施。

　　机电一体化技术基础是五年制高职机电一体化技术专业学生必修的专业基础综合化课程。本课程标准要求学生通过学习，了解本专业所需的专业知识和职业能力要求，领会本专业其他专业课程的学习方法；了解机电一体化技术所涉及的技术领域和发展方向；会运用机电一体化系统的观点，分析典型机电一体化设备(或产品)的工作原理，具备初步的机电设备装调能力。

　　本教材结合五年制高职学生的认知能力和专业特点，参照上述课程标准，采用案例导入、任务引领、图文并茂、简单易懂的编写原则，将大量普通的生产和生活中能够接触并便于学生理解的案例导入相关知识的学习中，按照机电一体化系统的组成要素和机电一体化技术具体应用来编排教材内容，重点强化学生机电一体化系统观念的形成。本教材对机电一体化技术运用中常见的设备与装置作了重点介绍；将一些与其他专业课重叠的教学内容，从机电一体化系统的角度作了精简和重新叙述；对涉及相关技术的新内容新应用也作了一定介绍。在每个章节的最后，提供了学习评价表，方便读者自主评价学习成效。

　　本教材由江苏省镇江高等职业技术学校卓民老师担任主编。镇江高等职业技术学校的徐笑笑和司马玲老师分别编写了第 1 章和第 2 章，卓民老师编写了第 3 章、第 4 章，山东省滨州市技师学院的尚川川老师编写了第 5 章，江苏省泰州机电高等职业技术学校周瑞祥老师编写了第 6 章，江苏省南京交通技师学院的于磊磊老师编写了第 7 章。全书由卓民老师总设计并统稿。

　　本教材由无锡交通职业技术学校的夏春荣老师担任主审。教材的编写得到了江苏联合职业技术学院、各参编学校和主审学校等单位的领导和专家的大力帮助，在此表示深深的谢意！

由于机电一体化技术的发展日新月异，加之作者水平有限，本教材内容中难免存在不妥与疏漏之处，真诚希望得到广大专家和读者的指正。

编 者

2021 年 3 月

目　录

第 1 章

机电一体化技术概述

知识目标

(1) 了解机电一体化技术的概念；
(2) 了解机电一体化系统的组成要素；
(3) 了解机电一体化系统涉及的相关技术；
(4) 了解机电一体化技术的发展前景。

能力目标

(1) 初步具备识别机电一体化系统五要素的能力；
(2) 能从机电一体化系统的观点出发，分析机电设备的工作原理；
(3) 会查阅设备相关技术资料。

知识导入

　　在现代化工业生产企业中，我们往往会遇到数控机床、工业机器人、自动生产线这三种生产设备。

　　数控机床是一种装有程序控制系统的自动化机床。它由数控装置发出各种控制信号，控制机床的动作，按图纸要求的形状和尺寸，自动地将零件加工出来。数控机床较好地解决了复杂、精密、小批量、多品种的零件加工问题，是一种柔性的、高效能的自动化机床，代表了现代机床控制技术的发展方向。数控机床产品是一种典型的机电一体化设备，图 1-1 为数控机床及其加工产品。

图 1-1　数控机床

工业机器人(如图 1-2 所示)是广泛用于工业领域的多关节机械手或多自由度的机器装置，具有一定的自动性，可依靠自身的动力能源和控制能力实现各种工业加工制造功能。工业机器人被广泛应用于电子、物流、化工等各个工业领域之中。相比于传统的工业设备，工业机器人有众多的优势，比如机器人具有易用性、智能化水平高、生产效率及安全性高、易于管理且经济效益显著等特点，使得它们可以在高危环境下进行作业。

图 1-2　工业机器人

自动生产线是指由自动化机器体系实现产品工艺过程的一种生产组织形式。它是在连续流水线进一步发展的基础上形成的。其特点是：加工对象自动地由一台机床传送到另一台机床，并由机床自动地进行加工、装卸、检验等；工人的任务仅是调整、监督和管理自动生产线，不参加直接操作；所有的机器设备都按统一的节拍运转，生产过程高度连续。图 1-3 为洗发水自动灌装生产线。

图 1-3　自动生产线

对比这三种设备，我们发现它们的形状结构几乎完全不同，但是它们却拥有一个共同点，那就是它们都运用了机电一体化技术，都是典型的机电一体化设备。那么什么是机电一体化？什么又是机电一体化设备呢？下面我们来学习有关知识。

1.1 什么是机电一体化

机电一体化在国外被称为 Mechatronics，是日本人在 20 世纪 70 年代初首先提出来的，它是将英文机械学 Mechanics 的前半部分和电子学 Electronics 的后半部分结合在一起构成的一个新词，意思是机械技术和电子技术的有机结合。这一名称已经得到包括我国在内的世界各国的承认，我国的工程技术人员习惯上把它译为机电一体化技术。机电一体化技术又称为机械电子技术，是机械技术、电子技术和信息技术有机结合的产物。

机械技术在人类工业生产的历史上，一直占有非常重要的地位，随着比机械技术发展晚许多的现代控制技术的产生，传统的、单纯的机械技术已无法满足社会发展的需要，电气控制系统尤其是计算机控制系统的融合已是必然趋势。前面三台设备的例子就是很好的佐证。一个新的交叉学科，多项技术融合的新技术领域由此应运而生了，那就是机电一体化！

机电一体化技术即结合应用机械技术和电子技术于一体的技术，两者有机结合，但又绝不是简单的相加。随着计算机技术的迅猛发展和广泛应用，机电一体化技术获得了前所未有的发展，成为一门综合计算机与信息技术、自动控制技术、传感检测技术、伺服传动技术和机械技术等的系统技术，目前正向光机电一体化技术方向发展，其应用范围愈来愈广。

目前，比较得到公认的机电一体化的定义是：将机械主功能、动力功能、信息功能和控制功能紧密结合，引进微电子技术，并将机械装置与电子装置用相关软件有机结合而构成的系统的总称。机电一体化系统结构如图 1-4 所示。

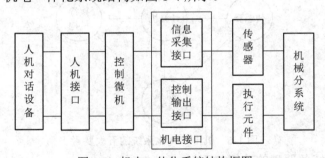

图 1-4 机电一体化系统结构框图

1.2 了解机电一体化系统

1. 机电一体化系统的组成

机电一体化系统是指具备机电一体化技术特点的装置或系统。一个典型的机电一体化系统包含以下五大组成要素：机械本体、动力部分、传感与检测部分(传感器)、控制与信息处理部分(计算机)、执行机构。这相当于人体的五大组成要素,如图 1-5 所示。因此可以用人体的组成要素来形象地描述一个典型的机电一体化系统。

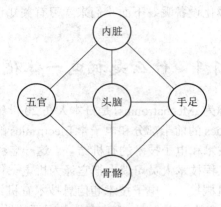

图 1-5　人的五大组成要素

如图 1-6 所示,机电一体化系统中的控制与信息处理部分(简写为计算机)相当于人的大脑,负责集中所有的信息并加以处理;传感与检测部分(简写为传感器)相当于人的眼、耳、鼻等五官,负责接收外界传来的信息;动力部分相当于人的内脏,产生动力;执行机构相当于人的肌肉或手足,驱动机械本体运动并作用于外界;而机械本体相当于人体的骨骼,把各组成要素组织起来并规定它们的运动。

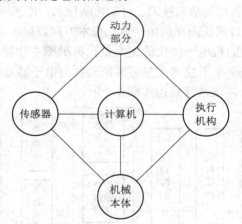

图 1-6　机电一体化系统的五大要素

机电一体化系统各要素的功能如下:

1) 机械本体

机械本体是机电一体化系统中各组成部分的载体,它包括机身、框架、连接、传动等部件。机身和框架主要起着支撑、固定、吸振等作用,连接部件如连杆等主要起连接作用,传动部件如滚珠、丝杠等主要起传动作用。随着机电一体化产品的技术性能和功能的提高,其机械本体也在不断完善之中。为了减轻产品的重量,除了对机械本体的结构进行合理的改进之外,还可以采用非金属复合材料代替钢铁材料。只有机械本体减轻重量,才有可能实现执行机构的小型化,在控制方面才能够改善快速响应特性,减小能量消耗,提高生产效率。同时还需全面考虑静态刚度、动态刚度以及导向面、配合面的刚度问题，保证机械本体在减轻重量的情况下不降低刚度。

2) 动力部分

动力部分的功能是按照机电一体化系统的控制要求，为系统提供能量和动力，从而保证系统正常运行。它包括驱动电机的电源和驱动液压系统、气压系统的液压源和气压源。

3) 传感与检测部分

传感与检测部分相当于人的五官，为机电一体化系统的控制与信息处理部分收集信息。其功能是在系统运行过程中对系统内部和外部环境的各种参数进行自动检测，把检测出的各种模拟信号转换为相应的电信号后，再传输到控制与信息处理部分，经过分析、处理后产生相应的控制信息。传感与检测部分包括各种传感器及其信号检测电路。

4) 控制与信息处理部分

在机电一体化系统中，控制与信息处理部分相当于人的大脑，它将来自传感器的检测信息和外部输入命令进行集中、储存、分析、加工，根据信息处理后的结果，按照一定的程序和节奏发出相应的控制信号，再通过接口送往动力部分和执行机构，完成各种动作和功能。整个机电一体化系统在它的控制下有条不紊地运行，并达到预期的目标。控制与信息处理部分一般由计算机、可编程控制器、数控装置以及逻辑电路、模拟/数字与数字/模拟转换器、输入/输出接口和计算机外部设备等组成。

5) 执行机构

执行机构的功能是执行控制与信息处理部分发出的各种指令，完成预期的动作。它包括交流伺服电动机、直流伺服电动机、步进电动机、变频器、电磁阀以及利用液压能量和气压能量的液压驱动装置和气压驱动装置等。

可见，从功能角度来讲，机电一体化系统是由控制功能、传感与检测功能、动力功能、操作功能和结构功能等五大功能模块组成的。这些功能模块内部及其之间，通过接口耦合来实现运动传递、信息控制、能量转换等，形成一个有机融合的完整系统。机电一体化系统的功能如图 1-7 所示。

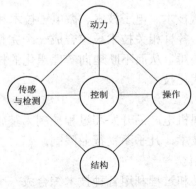

图 1-7　机电一体化系统的功能

工业机器人是一个典型的机电一体化设备。下面我们以图 1-8 所示的工业机器人为例，来分析机电一体化系统的组成。

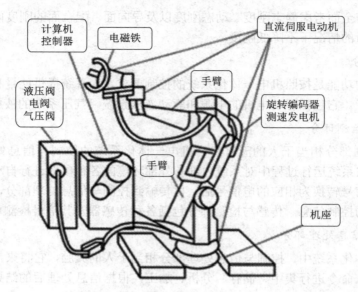

图 1-8　工业机器人的组成

(1) 机械本体：机器人的手指、手臂、手臂的连接部分和机座等，它们是使机器人能够运动的机械结构。

(2) 动力部分：驱动电机的电源和驱动液压系统、气压系统的液压源和气压源。

(3) 传感与检测部分：检测旋转编码器和测速发电机等的旋转角度和旋转角速度，用于监测机器人的运动。

(4) 控制与信息处理部分：计算机控制器根据来自旋转编码器或测速发电机的信号，判断机器人的当前状态，并计算和判断要达到所希望的状态或移动到某一目标应该如何动作。

(5) 执行机构：驱动机座上的机体、手臂、手指等运动的直流伺服电动机和电磁铁等。

2. 机电一体化系统的特点

(1) 具有综合性。

机电一体化技术是由机械技术、电子技术、微电子技术和计算机技术等有机结合形成的一门跨学科的综合性技术。各种相关技术被综合成一个完整的系统，在这一系统中，它们彼此相互苛刻要求又取长补短，从而不断地向着理想化的技术发展。因此机电一体化技术是具有综合性的高水平现代化技术。

(2) 具有广而强的应用性。

机电一体化技术是以实现机电产品开发和过程控制为基础的技术，是可以渗透到机械系统和产品中的普遍应用性技术，几乎不受行业限制。

(3) 实现了多层次的系统化。

机电一体化是将工业产品和过程利用各种技术综合成一个完整的系统，强调各种技术(特别是微电子技术与精密机械技术)的协同和集成，强调层次化和系统化。无论从单参数、单级控制到多参数、多级控制，还是从单品生产工艺到整个系统工程设计，机电一体化技术都体现在系统各个层次的开发和应用中。

(4) 实现了整体的最优化。

从系统工程观点出发，充分利用新技术及其相互交叉融合的优势，实现机电一体化系统(或产品)的高附加值、高效率、高性能、省材料、省能源、低损耗、低污染等。比如采用数控机床、柔性生产线、工业机器人和计算机管理等高科技机电一体化技术和系统以后，各企业就可以根据社会需求及时调整产品结构及生产过程，几乎不需要重新设计制造工艺设备，大大缩短了整个生产周期，降低了生产成本。

(5) 使用简易化。

机电一体化产品的开发需要开发人员不仅具有扎实的理论基础，而且具有广博的技术知识，还要不断地学习和更新相关知识。但是从使用上来看，一般用户对于机电一体化系统(或设备)不必精通其原理，不必具有丰富的专业技术知识，用户需要的是功能强、操作简便、人机协作关系好的机电一体化系统(或设备)。

(6) 提高了安全性。

机电一体化系统一般都具有自动保护的功能，可减少人身和设备发生事故的可能性，显著地提高了系统使用的安全性。有些机电一体化系统甚至可以在恶劣和危险的环境中作无人的自动操作，如机器人可以不顾危险，在海里、宇宙空间、核反应堆等一些危险场合工作。

(7) 具有高可靠性、高稳定性和长寿命。

机电一体化系统的一些装置，如接近开关几乎没有机械磨损，使得系统的寿命得到提高，故障率降低，可靠性和稳定性增强。有些机电一体化系统甚至可以做到不需要维修，具有自动诊断、自动修复的功能。

(8) 具有柔性。

柔性是机电一体化系统的特点。根据用户使用需要的变化，采用机电一体化技术无须改装系统就可以及时地对系统的结构和生产过程做必要的调整，因此机电一体化技术是解决多品种、小批量生产的重要途径。

3. 机电一体化系统涉及的相关技术

1) 机械技术

机械技术是机电一体化的基础，机械技术的着眼点在于如何与机电一体化技术相适应，利用其他高、新技术来更新概念，实现结构、材料、性能的变更，满足减小重量、缩小体积、提高精度、提高刚度及改善性能的要求。为此，应着重研究改进机械产品结构、开发新型复合材料、提高关键零部件的精度，以适应机电一体化的需要。在机电一体化系统制造过程中，经典的机械理论与工艺应借助于计算机辅助技术，同时采用人工智能与专家系统等，形成新一代的机械制造技术。

2) 计算机与信息技术

机电一体化系统中使用的信息交换、存取、运算、判断与决策、人工智能技术、专家系统技术、神经网络技术均属于计算机信息处理技术。

3) 系统技术

系统技术即以整体的概念组织应用各种相关技术，找出能完成各个功能单元的技术方案，再将各功能单元的技术方案组成方案组进行分析和优选。系统技术在整个机电一体化系统中占有重要地位。从全局角度和系统目标出发，将总体分解成相互关联的若干功能单元，接口技术是系统技术中一个重要方面，它是实现系统各部分有机连接的保证。

4) 自动控制技术

机电一体化系统中的自动控制技术范围很广，在控制理论指导下，对设计后的系统进行仿真和现场调试，并使系统可靠地投入运行。控制技术包括高精度定位控制、速度控制、自适应控制、自诊断校正、补偿、再现、检索等。

5) 传感检测技术

传感检测技术的重要元件是传感器，它是系统的感受器官，是实现自动控制、自动调节的关键环节。其功能越强，系统的自动化程度就越高。现代工程要求传感器能快速、精确地获取信息并能经受严酷环境的考验，它是机电一体化系统达到高水平的保证。

6) 伺服传动技术

机电一体化系统中包括电动、气动、液压等各种类型的传动装置，伺服系统是实现其中电信号到机械动作的转换装置与部件，对系统的动态性能、控制质量和功能有决定性的影响。

4. 机电一体化技术与其他技术的区别

1) 机电一体化技术与传统机电技术的区别

传统机电技术的操作控制大都以基于电磁学原理的各种电器(如继电器、接触器等)来实现，在设计过程中不考虑或很少考虑彼此之间的内在联系；其机械本体和电气驱动界限分明，整个装置是刚性的，不涉及软件。机电一体化技术以计算机为控制中心，在设计过程中强调机械部件和电子器件的相互作用与影响，整个装置包括软件在内，具有很好的灵活性。

2) 机电一体化技术与自动控制技术的区别

自动控制技术的侧重点是讨论控制原理、控制规律、分析方法和自动控制系统的构造等。机电一体化技术是将自动控制原理及方法作为重要支撑技术，将自动控制部件作为重要控制部件。机电一体化技术应用自动控制原理和方法，对机电一体化装置进行系统分析和性能估测，但机电一体化技术往往强调的是机电一体化系统本身。

3) 机电一体化技术与计算机应用技术的区别

机电一体化技术只是将计算机作为核心部件应用，目的在于提高和改善系统性能。机电一体化技术研究的是机电一体化系统，而不是计算机应用本身。计算机应用技术只是机电一体化技术的重要支撑技术。

5. 机电一体化发展前景

随着光学、通信技术、微细加工技术等进入机电一体化系统，出现了光机电一体化和微机电一体化等新分支；同时，新技术的融入也对机电一体化系统的建模、设计、分析和集成方法都进行了深度融合。人工智能技术、神经网络技术及光纤技术等领域取得的巨大进步，为机电一体化技术开辟了发展的广阔天地，也为机电一体化系统的产业化发展提供了坚实的基础。未来机电一体化的主要发展方向如下：

1）智能化

智能化是 21 世纪机电一体化技术发展的一个重要发展方向。人工智能在机电一体化建设者的研究中日益得到重视，机器人与数控机床的智能化就是智能技术的重要应用。

所谓"智能化"是对机器行为的描述，是在控制理论的基础上，吸收人工智能、运筹学、计算机科学、模糊数学、心理学、生理学等新思想、新方法，模拟人类智能，使它具有判断推理、逻辑思维、自主决策等能力，以求得到更高的控制目标。当然，想要使机电一体化产品具有与人完全相同的智能，是不可能的，也是不必要的。但是，高性能、高速的微处理器使机电一体化产品赋有低级智能或人的部分智能则是完全可能而且必要的。智能机器人如图 1-9 所示。

图 1-9　智能机器人

2）模块化

模块化是一项重要而艰巨的工程。由于机电一体化产品种类和生产厂家繁多，研制和开发具有标准机械接口、电气接口、动力接口、环境接口的机电一体化产品单元是一项十分复杂但又是非常重要的事。如研制集减速、智能调速、电动机于一体的动力单元，具有视觉、图像处理、识别和测距等功能的控制单元，以及各种能完成典型操作的机械装置。这样，可利用标准单元迅速开发出新产品，同时也可以扩大生产规模。这需要制定各项标准，以便各部件、单元接口的匹配。图 1-10 为专供流水线、不需另配控制柜的三脚架式动态抓取系统模块。

图 1-10　抓取系统模块

3) 网络化

计算机技术的突出成就是网络技术。网络技术的兴起和飞速发展给科学技术、工业生产、政治、军事、教育及人们的日常生活都带来了巨大的变革。各种网络将全球经济、生产连成一片，企业间的竞争也将全球化。机电一体化新产品一旦研制出来，只要其功能独到，质量可靠，很快就会畅销全球。由于网络的普及，基于网络的各种远程控制和监视技术方兴未艾，而远程控制的终端设备本身就是机电一体化产品。

例如，现场总线和局域网技术使家用电器网络化已成大势，利用家庭网络(Home Net)将各种家用电器连接成以计算机为中心的计算机集成家电系统(Computer Integrated Appliance System，CIAS)，可使人们在家里分享各种高新技术带来的便利与快乐。因此，机电一体化产品无疑将朝着网络化方向发展。如图 1-11 所示为网络化家电系统结构示意图。

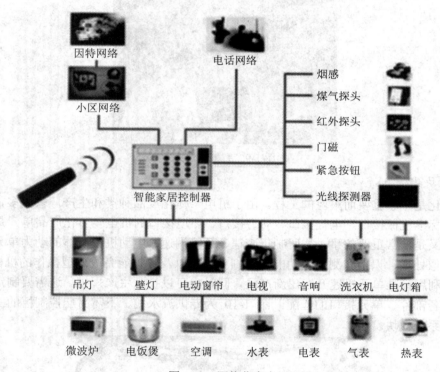

图 1-11　网络化家电

4) 微型化

微型化兴起于 20 世纪 80 年代末，指的是机电一体化向微型机器和微观领域发展的趋势。国外称其为微电子机械系统(MEMS)，泛指几何尺寸不超过 $1cm^3$ 的机电一体化产品。微电子机械系统正不断向微米、纳米级发展。微机电一体化产品体积小、耗能少、运动灵活，在生物医疗、军事、信息等方面具有不可比拟的优势。微机电一体化发展的瓶颈在于微机械技术，微机电一体化产品的加工采用精细加工技术，即超精密技术，它包括光刻技术和蚀刻技术两类。微型机电一体化产品举例如图 1-12 所示。

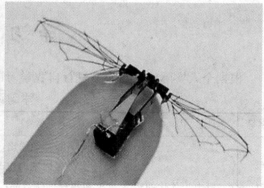

图 1-12　微型机电一体化产品举例

5) 绿色化

工业的发达给人们的生活带来了巨大变化。一方面，物质丰富，生活舒适；另一方面，资源减少，生态环境受到严重污染。于是，人们呼吁保护环境资源，回归自然。绿色产品的概念在这种呼声下应运而生，绿色化是时代的趋势。绿色产品在其设计、制造、使用和销毁的生命过程中，符合特定的环境保护和人类健康的要求，对生态环境无害或危害极少，资源利用率极高。设计绿色的机电一体化产品具有远大的发展前途。机电一体化产品的绿色化主要是指使用时不污染生态环境，报废后能回收利用。

6) 系统化

机电一体化产品系统化的表现特征之一就是系统体系结构进一步采用开放式和模式化的总线结构。系统可以灵活组态，进行任意剪裁和组合，同时寻求实现多子系统协调控制和综合管理。系统化的表现特征之二是通信、互动功能的大大加强，特别是"人格化"发展引人注目，即未来的机电一体化更加注重产品与人的关系。机电一体化产品的最终使用对象是人，如何赋予机电一体化产品人的智能、情感、人性显得越来越重要。

练 习 题

1. 简述什么是机电一体化技术，其包含的主要技术有哪些。
2. 机电一体化系统的组成要素是什么？各有什么作用？
3. 机电一体化系统的特点是什么？
4. 机电一体化技术与自动控制技术的区别是什么？
5. 简述机电一体化技术的发展前景。
6. 通过资料查阅，分析一个你比较熟悉的、具有机电一体化特征的家用电器的构成。

学 习 评 价

根据个人实际填写下表，进行自我学习评价。

学习评价表

序号	内 容	考 核 要 求	配分	得分
1	机电一体化的定义	1. 明确地说出，什么是机电一体化； 2. 能根据机电一体化的概念，说出几种常见的机电一体化产品； 3. 通过查阅资料，能阐述机电一体化技术在国民经济发展中的重要作用	30	
2	机电一体化技术的特点和发展趋势	1. 能说出机电一体化系统的主要特点； 2. 能通过查阅资料，叙述机电一体化技术的发展趋势	25	
3	机电一体化技术的组成	1. 能明确机电一体化技术是由哪些主要的技术构成的； 2. 对照一个机电一体化的产品，能正确地指出各部分技术在其中的运用成果； 3. 能结合已经学习过的专业知识，对照机电一体化技术的发展要求，了解这些专业知识的重要作用，明确需要进一步学习的内容	45	
备注			自评 得分	

第 2 章

机械基础知识

知识目标

(1) 了解常用的机械技术；

(2) 熟悉常用机构类型；

(3) 熟悉常用传动机构。

能力目标

(1) 初步具备识别机械结构和分析机械装置工作过程的能力；

(2) 具备查阅资料，理解机械工作原理的能力。

知识导入

　　门座起重机是港口码头数量最多、使用最频繁、结构复杂、机构最多的典型装卸机械，如图 2-1 所示。它具有较好的工作性能和独特的优越结构，因为其通用性好，被广泛地用在港口杂货码头。

图 2-1　门座起重机

　　门座起重机主要由金属结构、工作机构(起升、运行、变幅及回转机构)、动力装置和控制系统组成。门座起重机可实现环形圆柱体空间货物的升降、移动，并可调整整机的工作位置，故可在较大的作业范围内满足货物的装卸需求。图 2-2 为门座起重机结构图。

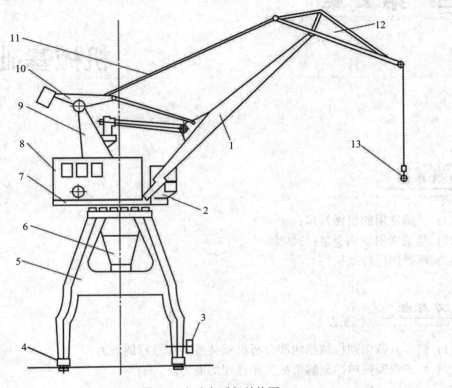

图 2-2　门座起重机结构图

1—臂架；2—操纵室；3—电缆卷筒；4—运行机构；5—门架；6—回转柱；7—回转平台；
8—机器房；9—人字架；10—配重系统；11—拉杆；12—象鼻梁；13—吊钩

　　如图 2-4 所示，门座起重机作业过程中货物的水平移动主要通过变幅机构实现，那么门座起重机的变幅机构为机械中哪类常用机构呢？其又是如何实现货物的水平移动呢？请继续学习以下内容。

2.1　认识常用机构

　　机构主要用以传递运动和动力或改变运动形式、运动轨迹等。本节主要学习以下几种常用机构：平面连杆机构、凸轮机构、螺旋机构和间歇运动机构。

1. 平面连杆机构

　　平面连杆机构是由若干刚性构件用低副连接而成并作平面运动的机构，又称为平面低副机构。所谓低副，就是指两构件间直接接触的形式为面接触而形成的可动连接。例如图 2-3(a)所示的轴颈与轴承之间的接触或图 2-3(b)所示的滑块与导槽之间的接触均为面接触，它们之间形成的运动副均为低副。

(a) 轴颈与轴承　　　　　　　　(b) 滑块与导槽

图 2-3　低副机构

　　平面连杆机构在工作过程中的磨损小，制造方便，能方便地实现转动、摆动、移动等基本运动形式的转换，因此广泛应用于各种机械、仪器仪表和机电一体化产品中。但是平面连杆机构也存在一些缺点，例如由于低副中存在间隙，将不可避免地产生运动误差，不易精确实现复杂的运动。

　　平面连杆机构中，最常见的是由 4 个构件组成的四连杆机构。门座起重机的变幅机构就是由四连杆机构(臂架、象鼻梁、拉杆及机架)组成的，如图 2-4 所示，它通过臂架围绕其下铰点的转动从而实现俯仰动作，最终带动起吊的货物实现水平移动，即变幅。

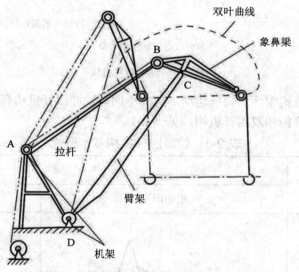

图 2-4　四连杆式组合臂架工作原理图

1) 铰链四杆机构

　　各构件之间均以转动副相连的四杆机构称为铰链四杆机构，如图 2-5 所示。其中固定不动的构件 AD 为机架，与机架相连的构件 AB、CD 称为连架杆。连架杆相对于机架能作 360°整周回转的称为曲柄，只能在一定角度(小于 360°)范围内作往复摇摆运动的连架杆称为摇杆，不与机架相连的构件 BC 称为连杆。

(a) 机器人骑自行车

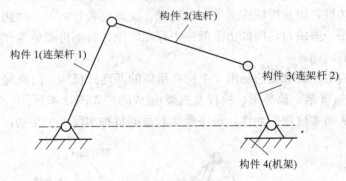

(b) 铰链四杆机构简图

图 2-5　铰链四杆机构

根据铰链四杆机构中两连架杆运动形式的不同，铰链四杆机构有三种基本形式：曲柄摇杆机构、双曲柄机构和双摇杆机构，见表 2-1。

表 2-1　铰链四杆机构基本形式

类型	说明	举　例	
		机构简图	机构运动分析
曲柄摇杆机构	两连架杆，一为曲柄、一为摇杆的铰链四杆机构	雷达天线机构	主动曲柄 1 转动，通过连杆 2 使固定在摇杆 3 上的天线作一定角度的摆动，以调整天线的俯仰角

类型	说明	举　例	
		机构简图	机构运动分析
曲柄摇杆机构	两连架杆，一为曲柄、一为摇杆的铰链四杆机构	汽车刮雨器机构	将曲柄的连续转动转换成摇杆的往复摆动	主动曲柄 AB 转动，从动摇杆 CD 往复摆动，利用摇杆的延长部分实现刮水动作
		缝纫机踏板机构	将摇杆的往复摆动转换为曲柄的连续转动	操作工脚踩踏板往复摆动，即主动摇杆 CD 摆动，曲柄 AB 转动实现缝纫机飞轮的连续转动
双曲柄机构	两连架杆均为双曲柄的铰链四杆机构	惯性筛机构(不等长双曲柄机构)	主动曲柄 AB 作匀速转动，从动曲柄 CD 作变速转动，通过构件 CE 使筛子产生变速直线运动，筛子内的物料因惯性而来回抖动
		铲斗机构(平行双曲柄机构)	两曲柄转向相同，角速度相等，连杆作平移运动。铲斗机构正是利用了连杆平动的特点，使铲斗中的土石不致泼出

类型	说明	举　例	
		机构简图	机构运动分析
双曲柄机构		 车门机构(反向双曲柄机构)	两曲柄的转向相反，角速度不相等。曲柄 AB 转动，能使两扇车门同时开启或关闭
双摇杆机构	两连架杆均为摇杆的铰链四杆机构	 臂架起重机变幅机构	主动摇杆 AB 的往复摆动经连杆 BC 转换为从动摇杆 CD 的往复摆动。变幅时， AB 摆动引起的物品升降依靠起升绳卷绕系统及时收进或放出一定长度的起升绳来补偿，从而使物品能沿着水平线或近似水平线移动
		 电风扇摇头机构	电动机的输出轴带动 AB 转动时，构件 AB 带动两个从动摇杆 AD 和 BC 作往复摆动，从而实现电风扇的摇头动作

2) 平面连杆机构的结构与维护

平面连杆机构是面接触的低副机构，低副中的间隙会引起运动误差，所以要注意保证良好的润滑以减少摩擦、磨损。要定期检查运动副的润滑和磨损情况，以避免运动副严重磨损后间隙增大，进而导致运动精度丧失、承载能力下降。

维护机构的主要工作有清洁、检查、测试调整间隙、紧固紧固件、更换易损件、加润滑剂等。

2. 凸轮机构

凸轮机构为机械常用机构，应用广泛，如图 2-6 所示的内燃机的进气阀和排气阀的开合及图 2-7 所示的缝纫机的紧线机构中从动紧线爪的往复运动都是通过凸轮机构实现的。图 2-8 所示为一凸轮机构，它通常由原动件凸轮 1、从动件 2 和机架 3 组成。凸轮与从动件组成的是高副机构。所谓高副，就是指两构件间直接接触的形式为点或线接触而形成的可动连接。凸轮机构可将凸轮的连续转动或移动转换为从动件的连续或不连续的移动或摆动。凸轮机构可以实现许多复杂的运动要求，并且结构简单紧凑，因而在各种机械，特别是自动机械中被广泛应用。

图 2-6　内燃机内部结构

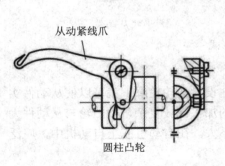

图 2-7　缝纫机紧线机构

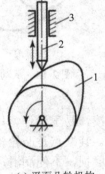

(a) 平面凸轮机构

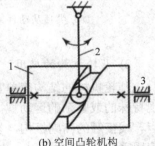

(b) 空间凸轮机构

图 2-8　凸轮机构

1—凸轮；2—从动件；3—机架

1) 凸轮机构的分类

凸轮机构按构件形状与运动形式分为不同类型。

(1) 按凸轮的形状分类，有盘形凸轮、圆柱凸轮、移动凸轮，其中盘形凸轮是凸轮的基本形式，如图 2-9 所示。

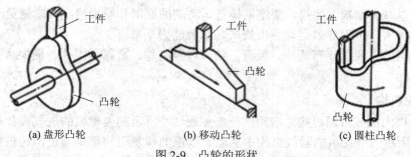

(a) 盘形凸轮　　　　　　(b) 移动凸轮　　　　　　(c) 圆柱凸轮

图 2-9　凸轮的形状

(2) 按从动件形式分类，有尖顶从动件、滚子从动件、平底从动件，如图 2-10 所示。

① 尖顶从动件，适用于作用力不大和速度较低的场合，如仪器仪表中的凸轮控制机构等；

② 滚子从动件，因为是滚动摩擦，磨损较小，可传递较大的动力，故应用广泛；

③ 平底从动件，润滑较好，适用于高速传动。

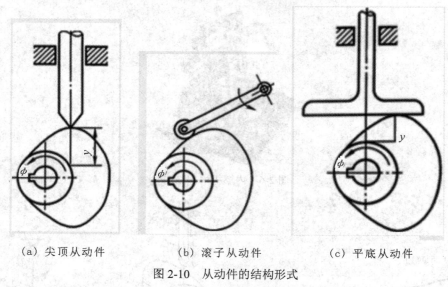

（a）尖顶从动件　　　　（b）滚子从动件　　　　（c）平底从动件

图 2-10　从动件的结构形式

2) 凸轮机构的应用

凸轮机构的结构简单紧凑，易于设计，只要适当地设计凸轮轮廓，就可以使从动件实现特殊的或复杂的运动规律。其缺点是凸轮轮廓曲线的加工比较复杂，且凸轮与从动件为点、线接触的高副机构，易磨损，不便润滑，故传力不大。在自动机或半自动机中，广泛应用着凸轮机构。

图 2-11 所示的凸轮机构可以使滑块 5 实现预期运动规律的往复移动。利用图 2-12 所示的凸轮机构可以使构件 4 实现预期运动规律的往复摆动。而利用图 2-13 所示的所谓双凸轮机构不仅可以使构件 4 实现预期的运动要求，而且可以使构件 4 上的 F 点按照所需要的轨迹运动。

凸轮机构中凸轮轮廓与从动件构成的高副是点或线接触，难以形成润滑油膜，所以易磨损。一般凸轮多用在传递动力不大的场所。

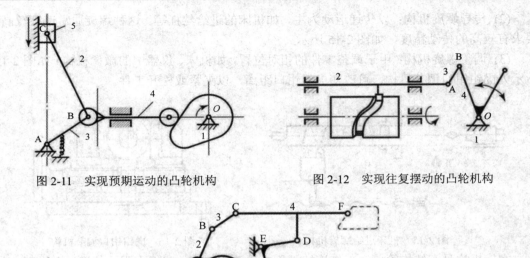

图 2-11　实现预期运动的凸轮机构　　　　　　图 2-12　实现往复摆动的凸轮机构

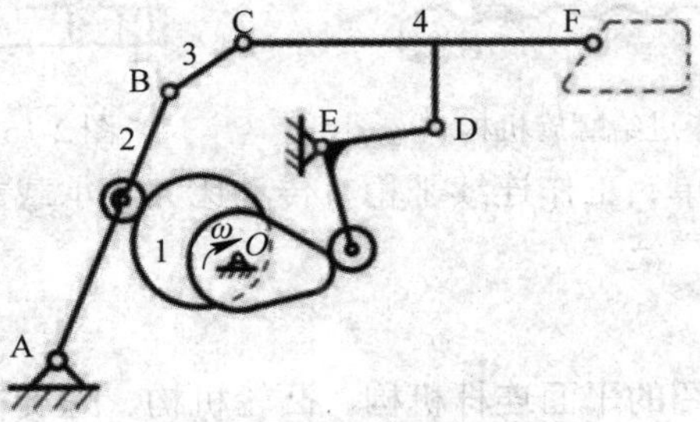

图 2-13　双凸轮机构

3. 螺旋机构

螺旋机构由螺杆、螺母和机架组成(一般把螺杆和螺母之一作成机架)，其主要功能是将旋转运动变换为直线运动，并同时传递运动和动力，是机械设备和仪器仪表中广泛应用的一种传动机构。螺杆与螺母组成低副，粗看似乎有转动和移动两个自由度，但由于转动与移动之间存在必然联系，故它仍只能视为一个自由度。

按照用途和受力情况，螺旋机构又可分为以下几类：

(1) 传力螺旋机构：以传递轴向力为主，如起重螺旋或加压装置的螺旋。这种螺旋一般工作速度不高，通常要求有自锁能力。如图 2-14 所示为螺旋起重机构。

图 2-14　手动起重机

(2) 传导螺旋机构：以传递运动为主，如机床的进给丝杠等。这种螺旋通常速度较高，要求有较高的传动精度，如图 2-15 所示。

(3) 调整螺旋机构：用于调整零件的相对位置，如机床、仪器中的微调机构。如图 2-16 所示为虎钳钳口调节机构，可改变虎钳钳口距离，以夹紧或松开工件。

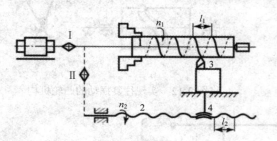

图 2-15 机床进给螺旋机构

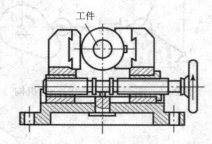

图 2-16 虎钳钳口调节机构

螺旋机构具有结构简单、工作连续平稳、传动比大、承载能力强、传递运动准确，易实现自锁等优点，故应用广泛。

4. 间歇运动机构

在机械中，除前面介绍的平面连杆机构、凸轮机构、螺旋机构外，还经常会用到间歇运动机构。主动件作连续运动，从动件作周期性间歇运动的机构称为间歇运动机构。

1) 棘轮机构

如图 2-17 所示的棘轮机构，由棘轮 3、棘爪 2、摇杆 1、弹簧 5 及止动爪 4 组成。曲柄摇杆机构将曲柄的连续转动转换成摇杆的往复摆动。当摇杆 1 逆时针摆动时，主动棘爪 2 啮入棘轮 3 的齿槽中，从而推动棘轮逆时针转动；当摇杆 1 顺时针摆动时，止动爪 4 阻止棘轮 3 顺时针转动，此时，棘爪 2 在棘轮 3 的齿背滑过，所以棘轮 3 静止不动。弹簧 5 的作用是将棘爪贴紧在棘轮上。在摇杆作往复摆动时，棘轮作单向时动时停的间歇运动。因此，棘轮机构是一种间歇运动机构。

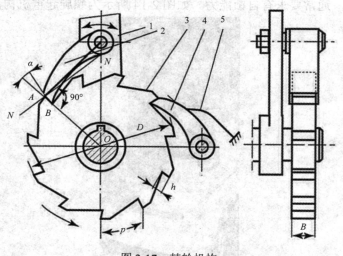

图 2-17 棘轮机构

1—摇杆；2—棘爪；3—棘轮；4—止动爪；5—弹簧

棘轮机构可分为齿式棘轮机构和摩擦式棘轮机构两大类。

2) 槽轮机构

槽轮机构是利用圆销插入轮槽时拨动槽轮，而它脱离轮槽时使槽轮停止转动的一种间歇运动机构。它可分为外槽轮机构和内槽轮机构，其结构分别如图 2-18(a)、(b)所示。

槽轮机构由带销的主动拨盘 1、具有径向槽的从动槽轮 2 和机架组成。拨盘 1 为主动件，做连续匀速转动，通过主动拨盘上的圆销与槽的啮入啮出，推动从动槽轮做间歇转动。为防止从动槽轮在生产阻力下运动，拨盘与槽轮之间设有锁止弧。锁止弧是以拨盘中心 O_1 为圆心的圆弧，只允许拨盘带动槽轮转动，不允许槽轮带动拨盘转动。

槽轮机械结构简单，转位方便，工作可靠，传动平稳性较好，能准确控制槽轮转动的角度。但槽轮的转角大小受槽数 Z 的限制，不能调整，且在槽轮转动的始、末位置存在冲击，因此，槽轮机构一般应用于转速较低，要求间歇地转动一定角度的自动机的转位或分度装置中。如图 2-19 所示的槽轮机构用于六角车床的刀架转位。刀架 3 装有 6 把刀具，与刀架一体的是六槽外槽轮 2，拨盘 1 回转一周，槽轮转过 60°，使下一道工序所需的刀具转换到工作位置上。

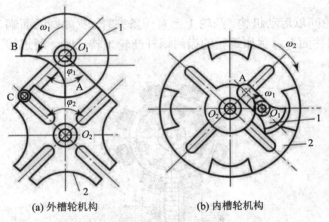

(a) 外槽轮机构　　　　　　(b) 内槽轮机构

图 2-18　槽轮机构

1—主动拨盘；2—从动槽轮

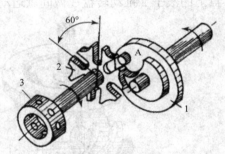

图 2-19　六角车床刀架

1—拨盘；2—六槽外槽轮；3—刀架

3) 不完全齿轮机构

不完全齿轮机构是在一对齿轮传动中的主动齿轮上只保留 1 个或几个轮齿的齿轮机构。不完全齿轮机构是由渐开线齿轮机构演变而成的与棘轮机构、槽轮机构一样，同属于间歇运动机构。不完全齿轮机构有外啮合和内啮合两种，如图 2-20 所示。

与其他间歇运动机构相比，不完全齿轮机构的结构更为简单，操作更为可靠，且传递力大，从动轮转动和停歇的次数、时间、转角大小等的变化范围均较大。其缺点是工艺复杂，从动轮运动的开始和结束的瞬时会造成较大冲击。故这种齿轮机构多用于低速、轻载场合，如在多工位自动、半自动机械中，用作工作台的间歇转位机构及某些间歇进给机构、计数机构等。

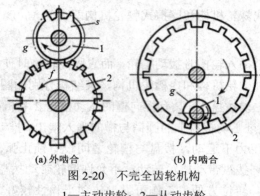

(a) 外啮合　　　　　　　　(b) 内啮合

图 2-20　不完全齿轮机构

1—主动齿轮；2—从动齿轮

4) 凸轮式间歇运动机构

凸轮式间歇运动机构一般由凸轮、转盘、滚子和机架组成。

凸轮式间歇运动机构一般有两种类型：一种是图 2-21 所示的圆柱凸轮间歇运动机构。圆柱凸轮 1 上有一条两端不封闭的曲线沟槽，滚子 3 均匀分布在转盘 2 的端面上。当圆柱凸轮转动时，通过其上的曲线沟槽拨动转盘 2 上的滚子 3 沿转盘中心做回转运动，使从动盘做间歇运动。

另一种是图 2-22 所示的蜗杆凸轮间歇运动机构。凸轮 1 上有一条突脊，犹如圆弧面蜗杆，滚子 2 则均匀分布在转盘 3 的圆柱面上，犹如蜗轮的齿。蜗杆凸轮 1 转动时，通过转盘上的滚子 2 推动转盘 3 做间歇运动。

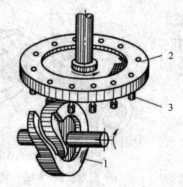

图 2-21　圆柱凸轮间歇运动机构

1—凸轮；2—转盘；3—滚子

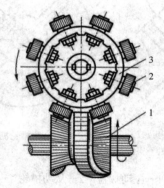

图 2-22　蜗杆凸轮间歇运动机构

1—凸轮；2—滚子；3—转盘

2.2　认识传动机构

1. 齿轮传动

齿轮机构是现代机械中应用最广泛的一种传动机构，主要用于传递空间任意两轴之间的运动和动力。如图 2-23 所示，齿轮机构的结构紧凑，工作可靠，效率高，寿命长，能保证恒定的传动比，传递功率大，适用范围广。但是其制造安装费用较高，低精度齿轮传动的振动噪声较大。

图 2-23　齿轮传动

1) 齿轮传动的类型

通常可按齿轮轴线的相对位置、齿轮啮合的情况、齿轮曲线的形状、齿轮传动的工作条件及齿面的硬度等对齿轮传动进行分类。

齿轮传动根据齿廓形式不同，有渐开线齿轮传动、摆线齿轮传动、圆弧齿轮传动等。应用最为广泛的是渐开线齿轮传动，其传动的速度和功率范围很大，线速度可达 200 m/s，功率可达 40 000 kW，传动效率高，一对齿轮可达 0.98～0.995；传动比稳定；结构紧凑；对中心距的敏感性小，即互换性好，装配和维修方便；可以进行变位切削及各种修形、修缘操作，从而提高传动质量；易于进行精密加工。但其制造成本较高，需要专门的机床、刀具和测量仪器等。

齿轮传动按其工作条件，可以分为开式齿轮传动和闭式齿轮传动。在开式齿轮传动中齿轮暴露在外界，杂物容易侵入齿轮啮合区域，不能保证良好的润滑，且传动系统精度和刚度都较低，只适用于低速传动。在闭式齿轮传动中，齿轮封闭在刚度很好的箱体内，能保持良好的润滑。

根据传动过程中两个齿轮轴线的相对位置，齿轮传动可分为三类：圆柱齿轮传动、圆锥齿轮传动和蜗杆蜗轮传动。圆柱齿轮传动用于两轴线平行时的传动，圆柱齿轮的轮齿有直齿、斜齿和人字齿三种。圆锥齿轮传动用于两轴线相交时的传动。蜗杆蜗轮传动用于两轴线交错时的传动。三类齿轮传动如图 2-24 所示。

直齿圆柱齿轮传动　　　　斜齿圆柱齿轮传动　　　　人字齿圆柱齿轮传动

内啮合圆柱齿轮传动　　　齿轮齿条传动　　　　圆锥齿轮传动　　　　蜗轮蜗杆传动

图 2-24　齿轮传动类型

2) 齿轮传动的应用

利用齿轮传动，我们可以实现换向传动、变速传动、分路传动、较远距离传动，获得大传动比，实现运动的合成与分解。齿轮涉足于各行各业的多种产品，如钟表、减速器、变速箱、大型机械等，如图 2-25 所示。

(a) 钟表　　　　　　(b) 减速器　　　　　(c) 汽车变速箱　　　　　　(d) 矿山机械

图 2-25　齿轮的应用

　　机电一体化设备的许多装置可以实现直接驱动，但采用高速伺服电动机与减速机构组合的形式也较多。因此，减速器是许多机电一体化设备与产品非常关键的部件。

　　典型的减速机构如：直齿圆柱齿轮减速机构、蜗轮蜗杆机构、齿轮齿条直线运动机构等，其基本原理与传动机械系统区别不大，在此不再赘述。下面主要介绍一下谐波减速器。

　　谐波减速器如图 2-26(a)所示，它主要由波发生器、柔性齿轮和刚性齿轮 3 个基本构件组成。其工作原理如图 2-26(b)所示，当波发生器装入柔性齿轮后，迫使柔性齿轮的剖面由原先的圆形变成椭圆形，其长轴两端附近的齿与刚性齿轮的齿完全啮合，而短轴两端附近的齿则与刚性齿轮完全脱离，周长上其他区段的齿处于啮合和脱离的过渡状态。当波发生器沿某一方向连续转动时，会把柔性齿轮上的外齿压到刚性齿轮内齿圈的齿槽中去，由于外齿数少于内齿数，所以每转过一圈，柔性齿轮与刚性齿轮之间就产生了相对运动。在转动过程中，柔性齿轮产生的弹性波形类似于谐波，故称为谐波减速器。

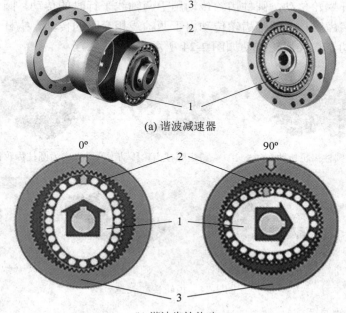

(a) 谐波减速器

(b) 谐波齿轮传动

图 2-26　谐波减速器及其工作原理

1—波发生器；2—柔性齿轮；3—刚性齿轮

谐波减速器的特点是：其传动比特别大，单级的传动比可达到 50～4000；整体结构小，传动紧凑；柔性齿轮和刚性齿轮的齿侧间隙小且可调，可实现无侧隙的高精度啮合；由于柔性齿轮与刚性齿轮之间属于面接触，而且同时接触到的齿数比较多，使得相对滑动速度比较小，所以其承载能力高，同时还保证了传动效率高，可达到 92%～96%；轮齿啮合周速低，传递运动力量平衡，因此运转安静且振动极小。

RV 减速器是另一种精密机电设备常采用的减速机构。RV 减速器主要由太阳轮、行星轮、转臂(曲柄轴)、转臂轴承、摆线轮(RV 齿轮)、针轮、刚性盘与输出盘等零件组成，如图 2-27 所示。

针轮
太阳轮
曲柄轴
行星轮
输出轮
摆线轮

图 2-27　RV 减速器

与谐波减速器相比，RV 减速器具有较高的抗疲劳强度、刚度以及较长的寿命，而且回差精度稳定，不像谐波传动，随着使用时间的增长，运动精度就会显著降低。高精度工业机器人传动就多采用 RV 减速器。

3) 齿轮的材料

齿轮材料的基本要求是：齿面要硬，齿芯要韧，具有良好的加工性和热处理性。所谓"齿面要硬，齿芯要韧"，即轮齿表面具有较高的硬度，以增强它的抗点蚀、抗磨损、抗胶合和抗塑性变形的能力；轮齿芯部要具有较好的韧性，以增强它承受冲击载荷的能力。

齿轮制造常用的材料有钢、铸铁、非金属材料等。齿轮的常用材料是锻钢，只有当齿轮的尺寸较大(400 mm < a <600 mm)或结构复杂不容易锻造时，才采用铸钢。在一些低速轻载的开式齿轮传动中，也常采用铸铁齿轮。在高速、小功率、精度要求不高或需要低噪音的特殊齿轮传动中，可以采用非金属材料齿轮。

4) 齿轮的热处理

齿轮的热处理工艺一般有调质、正火、表面淬火、渗碳淬火、渗氮等。当前总的趋势是提高齿面硬度，渗碳淬火齿轮的承载能力可比调质齿轮提高 2～3 倍。

2. 带传动

1) 带传动的工作原理

带传动一般由主动轮 1、从动轮 2 和传动带 3 组成。带传动是利用张紧在带轮上的柔性带，借助它们间的摩擦或啮合，在两轴(或多轴)间传递运动或动力的一种机械传动。常见的两种带传动如图 2-28 所示。

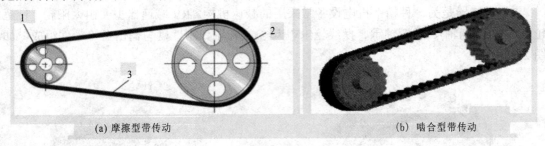

(a) 摩擦型带传动　　　　　　　　　　　(b) 啮合型带传动

图 2-28　带传动

2) 带传动的特点

由于传动带具有弹性和柔性而使带传动具有以下优点：

(1) 吸收振动，缓和冲击，传动平稳，噪声小。

(2) 摩擦型带传动结构简单，制造和安装精度不像啮合传动那样严格。

(3) 对于摩擦型带传动，过载时会打滑，可防止其他机件损坏，起到过载保护作用。

(4) 中心距可以较大。

(5) 无须润滑，维护成本低。

其缺点是：

(1) 摩擦型传送带与带轮之间存在一定的弹性滑动，故不能保证恒定的传动比，传动精度和传动效率较低。

(2) 由于摩擦型传送带工作时需要张紧，带对带轮轴有很大的压轴力。

(3) 带传动装置外廓尺寸大，结构不够紧凑。

(4) 传送带的寿命较短，需经常更换。

3) 带传动的类型

根据工作原理的不同，带传动分为摩擦型传动和啮合型传动两大类，见表 2-2。

表 2-2　带传动的类型

类　型		简　图	说　明
摩擦型	平带	F_Q　F_N	结构最简单，绕曲性好，易于加工，在传动中心距较大场合应用较多

续表

类　型		简　图	说　明
摩擦型	V 型	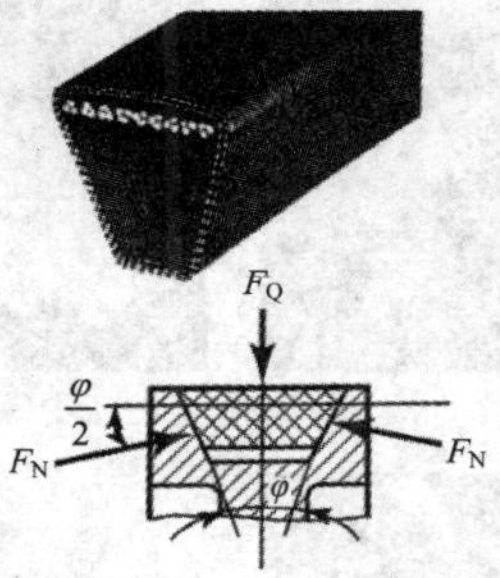	传动比较大，承载能力大，结构紧凑，一般机械常用 V 型带传动
	特殊带	多楔带	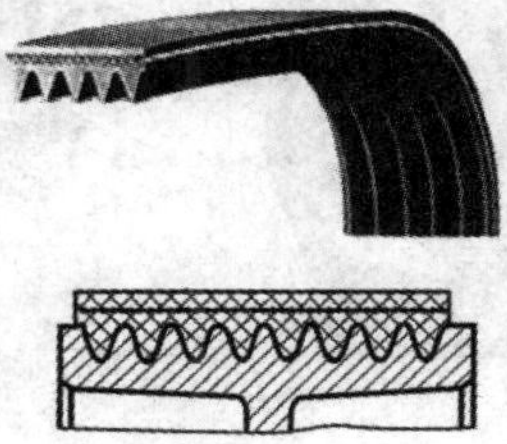 带体柔性好，结构合理，寿命长，传动效率高，适用于结构要求紧凑、传动功率大的高速传动
		圆带	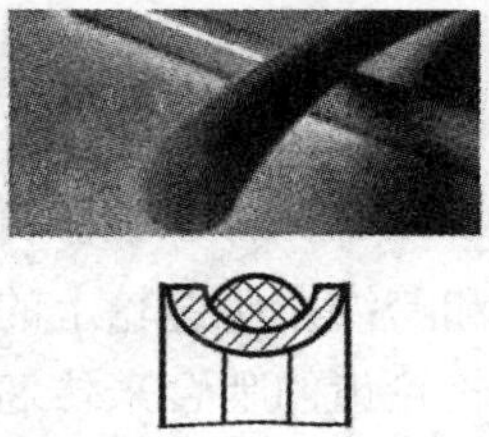 适用于缝纫机、仪表等低速小功率传动
啮合型	同步带	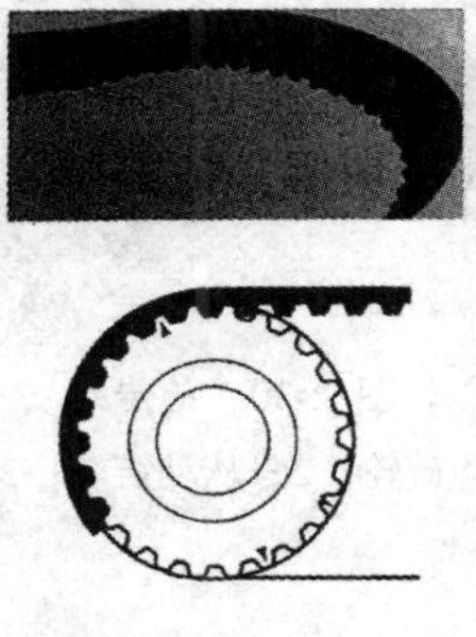	传动平稳，传动比准确，传动精度高，结构较复杂，传动效率高，多用于对制造、安装的精度要求较高的场合

4) 带传动的应用

普通 V 型带传递的功率一般不超过 100 kW，带的工作速度为 5～35 m/s。带传动适用于传递功率不大或不需要保证精确传动比的场合，尤其是在传动中心距较大的场合，如农业机械、食品加工机械、汽车及自动化设备等，如图 2-29 所示。

(a) 带式输送机

(b) 斗轮机取料机

(c) 拖拉机

多楔带(兼平带)传动

(d) 轿车发动机

图 2-29　带传动的应用

3. 链传动

1) 链传动的工作原理

链传动由装在平行轴上的链轮和跨绕在两链轮上的环形链条所组成，如图 2-30 所示，以链条作中间挠性件，靠链条与链轮轮齿的啮合来传递运动和动力。

图 2-30　链传动

1—主动链轮；2—从动链轮；3—链条

2) 链传动的特点

链传动结构简单、耐用、维护容易，多运用于中心距较大的场合。与带传动相比，链传动能保持准确的平均传动比；没有弹性滑动和打滑；需要的张紧力小；能在温度较高、有油污等恶劣环境条件下工作。与齿轮传动相比，链传动的制造和安装精度要求较低；成本低廉；能实现远距离传动；但瞬时速度不均匀，瞬时传动比不恒定；传动中有一定的冲击和噪音。

3) 链传动的应用

链传动广泛用于矿山机械、农业机械、石油机械、机床及机动车辆中。根据用途的不同，链传动可分为传动链、起重链和牵引链。传动链主要用来传递动力；起重链主要用在起重机中提升重物；牵引链主要用在运输机械中移动重物，如图 2-31 所示。

图 2-31　链传动的应用

2.3　认识基础零件

1. 轴

轴主要是用来支承作旋转运动的零件，如齿轮、带轮等，以传递运动和动力的，如图 2-32 所示。它的结构和尺寸由被支持的零件和支承的轴承的结构和尺寸决定。

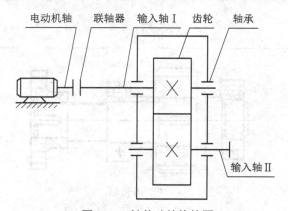

图 2-32　轴传动结构简图

1) 轴的类型

按轴的功用和承载情况，轴可分为 3 种类型，见表 2-3。

表 2-3　轴　的　类　型

类　型		图　示	说　明
心轴	转动心轴	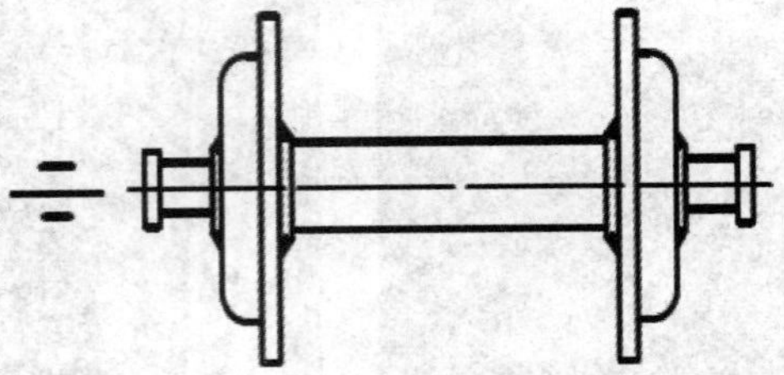 火车轮轴	只承受弯矩不传递转矩的轴，起支承的作用
	固定心轴	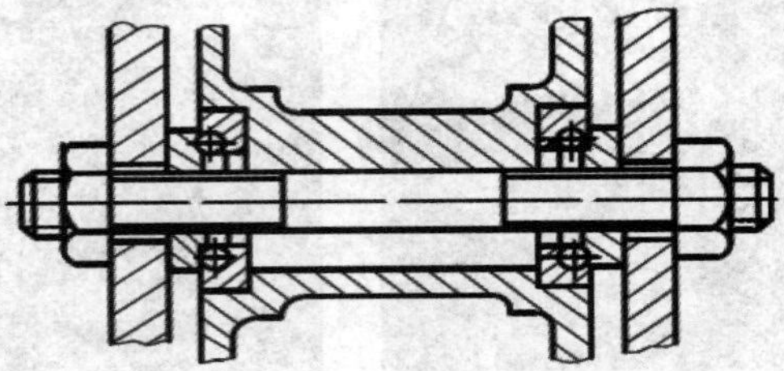 自行车前轴	
传动轴		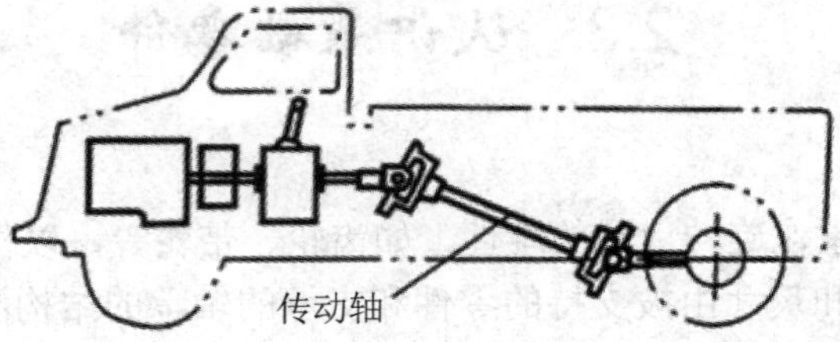 汽车传动轴	主要承受转矩不承受或承受很小的弯矩的轴，起传递动力的作用
转轴		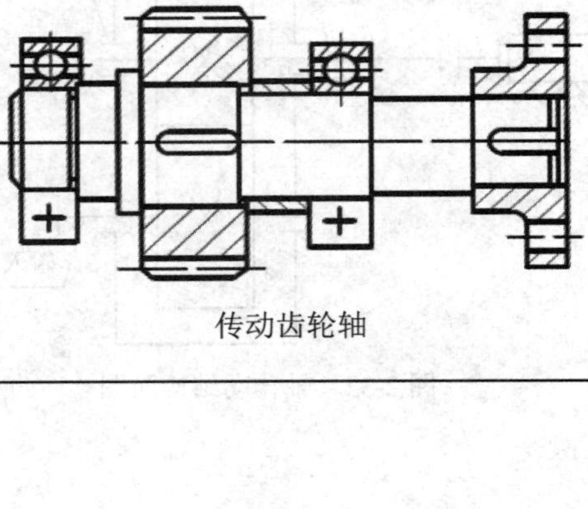 传动齿轮轴	既传递弯矩又承受转矩的轴，既起支承作用又起传递动力作用，是机械中最常用的一种轴

按轴线几何形状的不同,轴可分为直轴(光轴、阶梯轴如图 2-33 所示)、曲轴(如图 2-34 所示)、挠性轴(如图 2-35 所示)。曲轴常用于往复式机械(如曲柄压力、内燃机等)和行星轮系中。轴又可分为实心轴和空心轴。圆截面阶梯轴加工方便,各轴段截面直径不同,一般两端小、中间粗,符合等强度设计原则,并便于轴上零件的装拆和固定,所以在一般机械中,阶梯轴应用最广泛。

图 2-33　阶梯轴　　　　　　　　　图 2-34　曲轴　　　　　　　　　图 2-35　挠性轴

2) 轴的选材

轴的材料是决定轴的承载能力的重要因素。选择轴的材料时应考虑工作条件对它提出的强度、刚度、耐磨性、耐腐蚀性方面的要求,同时还应考虑制造的工艺性及经济性。

轴的常用材料是优质碳素钢 35、45、50,最常用的是 45 和 40Cr 钢。对于受力较小或不太重要的钢,也常用 Q235 或 Q275 等普通碳素钢。对于受力较大,轴的尺寸和重量受到限制,以及有某些特殊要求的轴,可采用合金钢,常用的有 40Cr、40MnB、40CrNi 等。

球墨铸铁和一些高强度铸铁,由于其铸造性能好,容易铸成复杂形状,且减振性能好,应力集中敏感性低,支点位移的影响小,故常用于制造外形复杂的轴。

特别是我国研制成功的稀土镁球墨铸铁,冲击韧性好,同时具有减摩、吸振和对应力集中敏感性小等优点,已用于制造汽车、拖拉机、机床上的重要轴类零件,如曲轴等。

3) 轴的热处理

根据工作条件的要求,轴都要整体热处理,一般是调质,对不重要的轴采用正火处理。对要求高或要求耐磨的轴或轴段要进行表面处理,以及表面强化处理(如喷丸、滚压等)和化学处理(如渗碳、渗氮、氮化等),以提高其强度(尤其是抗疲劳强度)和耐磨、耐腐蚀等性能。

2. 轴承

轴承是当代机械设备中一种举足轻重的零部件。它的主要功能是支撑机械旋转体;用以降低设备在传动过程中的机械载荷摩擦系数。按运动元件摩擦性质的不同,轴承可分为滚动轴承和滑动轴承两类。

1) 滚动轴承

滚动轴承由于是滚动摩擦,摩擦阻力小、发热量小、效率高,启动灵敏、维护方便,并且已标准化,便于选用与更换,因此使用十分广泛。

标准滚动轴承的组成部分有:外圈、内圈、滚动体(基本元件)及保持架,如图 2-36 所示。

一般内圈装在轴颈上随轴一起回转,外圈装在轴承座孔内,一般不转动(也有相反的),内外圈上均有凹的滚道,滚道一方面限制滚动体的轴向移动,另一方面可降低滚动体与滚道间的接触应力。

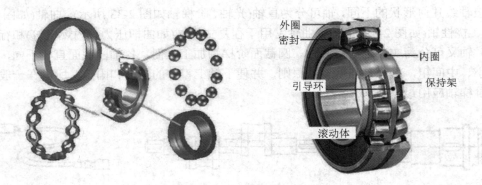

图 2-36　滚动轴承的结构

滚动体是滚动轴承的核心元件，常见的形状有球形：球；柱形：短圆柱滚子、长圆柱滚子、圆锥滚子、螺旋滚子、鼓形滚子及滚针，如图 2-37 所示。

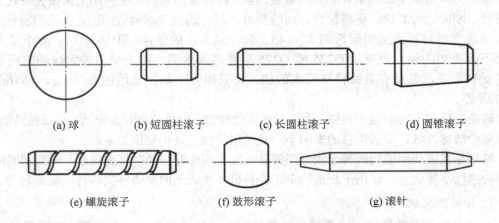

(a) 球　　　　　(b) 短圆柱滚子　　　　　(c) 长圆柱滚子　　　　　(d) 圆锥滚子

(e) 螺旋滚子　　　　　(f) 鼓形滚子　　　　　(g) 滚针

图 2-37　滚动体的形状

保持架将滚动体均匀隔开，以避免滚动体相互接触引起磨损与发热。

2) 滑动轴承

根据其滑动表面间润滑状态的不同，滑动轴承可分为液体润滑轴承、不完全液体润滑轴承(指滑动表面间处于边界摩擦或混合摩擦状态)和无润滑轴承(指工作前和工作时不加润滑剂)。根据液体润滑承载机理的不同，又可分为液体动压润滑轴承(简称液体动压轴承)和液体静压润滑轴承(简称液体静压轴承)。

滑动轴承在工作时通常要注入机油等润滑剂，以减小摩擦和磨损。在工作时轴颈与轴承相对滑动表面间的摩擦状态不同，可分为三种：干摩擦状态、边界摩擦状态及液体摩擦状态。

滑动轴承根据其承载方式不同，可分为向心滑动轴承(受径向力)和推力滑动轴承(受轴向力)。向心滑动轴承(如图 2-38(a)所示)按其机构又可分为整体式(图 2-38(b))和剖分式(图 2-38(c))。其中整体式结构简单，价格低廉，但轴的拆装不方便，磨损后轴承的径向间隙无法调整，故其仅适用于轻载、低速或间歇工作场合；而剖分式拆装方便，磨损后轴承的径向间隙可以调整，故其应用广泛。

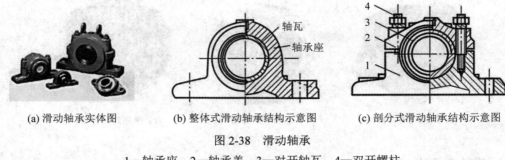

(a) 滑动轴承实体图　　　(b) 整体式滑动轴承结构示意图　　　(c) 剖分式滑动轴承结构示意图

图 2-38　滑动轴承

1—轴承座；2—轴承盖；3—对开轴瓦；4—双开螺柱

3. 联轴器与离合器

联轴器和离合器用来连接轴与轴(或回转零件)，以传递转动和扭矩；有时也可用作安全装置。

1) 联轴器

联轴器用于将两轴连接在一起，机器运转时两轴不能分离，只有在机器停车时才可将两轴分离；其类型较多，举例如图 2-39 所示。

(a) 凸缘联轴器　　　(b) 齿式联轴器　　　(c) 十字滑块联轴器　　(d) 十字轴式万向联轴器

图 2-39　联轴器

当两轴的对中要求高、轴的刚度又大时，可选用套筒联轴器和凸缘联轴器；当两轴的对中困难或刚度较小时，则选用挠性联轴器；当所传递的载荷较大时，宜选用凸缘联轴器或齿轮联轴器；当轴的转速较高且有振动时，应选用弹性联轴器；当两轴相交时，则选用万向联轴器。

2) 离合器

离合器在机器运转过程中，可使两轴随时接合或分离。它可用来操纵机器传动的断续，以便进行变速或换向。

离合器在机器运转中可将转动系统随时分离或接合。对离合器的基本要求有：接合平稳，分离迅速而彻底，调节和修理方便，轮廓尺寸小、质量小，耐磨性好，有足够的散热能力，操作方便省力。

常用的离合器按操纵方式不同分为机械式、气动式、液压式、电磁式、超越式、离心式、安全离合器；按结合原理不同分为啮合式及摩擦式。三种常见的离合器如图 2-40 所示。

(a) 机械式离合器　　　　　　(b) 电磁式离合器　　　　　　(c) 摩擦式离合器

图 2-40　离合器

4. 螺纹连接件

为便于机器制造、安装、调整、维修以及运输、减重、省料、降低成本、提高效率等，必须采用各种方式将各连接件连接成一个整体，才能实现上述要求。连接已成为近代机械设计中最有挑战的课题之一。

连接一般分为静连接和动连接。静连接时被连接件间不允许产生相对运动，含不可拆连接(铆、焊)，介于可拆不可拆之间的胶(粘)接等，以及可拆连接(如螺纹、键、花键、销、成型的连接等)。而动连接时被连接零件间可产生相对运动，如各种运动副连接。

1) 螺纹的类型和应用

(1) 按牙型分类：三角形(普通螺纹)、管螺纹——连接螺纹；矩形螺纹、梯形螺纹、锯齿形螺纹——传动螺纹。具体牙型形状如图 2-41 所示。

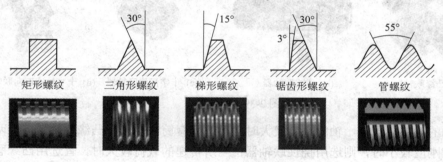

图 2-41　螺纹的牙型

(2) 按螺纹位置分类：内螺纹——在圆柱孔的内表面形成的螺纹；外螺纹——在圆柱孔的外表面形成的螺纹。

(3) 三角形螺纹分类：粗牙螺纹——用于紧固件；细牙螺纹——同样的公称直径，螺距越小、自锁性越好，适于薄壁细小零件和冲击变载等情况。

2) 螺旋传动

螺旋传动将回转运动转变成直线运动，同时传递运动、动力。其传动形式如下：

(1) 螺杆转动，螺母移动。

(2) 螺杆同时转动和移动(螺母固定)。

(3) 螺母转动螺杆移动。

(4) 螺母同时转动和移动(螺杆固定)。

按用途不同可将螺旋传动分为三类：

(1) 传力螺旋传动——举重器、千斤顶、加压螺旋，其特点是：低速、间歇工作，传递轴向力大、自锁。

(2) 传导螺旋传动——如机床进给丝杠，传递运动和动力，其特点是：速度高、连续工作、精度高。

(3) 调整螺旋传动——机床、仪器及测试装置中的微调螺旋，其特点是受力较小且不经常转动。

根据螺纹副的摩擦性质，可将螺旋传动分为以下两种类型：

(1) 滑动螺旋传动。如图 2-42 所示，螺杆与螺母之间为滑动摩擦。其优点是：结构简单，加工方便，传力较大，能够实现自锁要求。其缺点是：摩擦阻力大，传动效率低，易磨损。滑动螺旋传动常应用于螺旋起重器、夹紧装置、普通机床和调整装置。

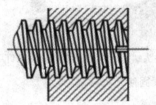 

图 2-42 滑动螺旋传动　　　　图 2-43 滚动螺旋传动

(2) 滚动螺旋传动。如图 2-43 所示，螺杆与螺母之间设有滚动体，滚动体在封闭螺纹滚道内循环滚动，使得螺杆和螺母相对运动时成为滚动摩擦。这种螺旋传动由于采用滚动摩擦代替滑动摩擦，因此有摩擦阻力小、传动平稳、运动精度高等优点；同时也具有结构较复杂、制造困难、成本高等缺点。滚动螺旋按滚珠的循环方式分为外循环式(图 2-44 (b))和内循环式(图 2-44 (a))。这种螺旋传动目前多应用于数控机床进给机构、汽车转向机构等。图 2-44(c)为采用滚动螺旋传动方式的滚珠丝杠实物。

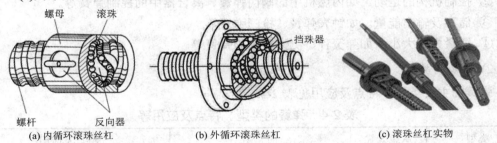

(a) 内循环滚珠丝杠　　　(b) 外循环滚珠丝杠　　　(c) 滚珠丝杠实物

图 2-44 滚珠丝杠

3) 螺纹紧固件

常用的螺纹紧固件有螺栓、螺柱、螺钉和紧定螺钉等，多为标准件(见标准紧固件)，如图 2-45 所示。采用螺栓连接时，无须在被连接件上切制螺纹，不受被连接件材料的限制，构造简单，装拆方便，但一般情况下需要在螺栓头部和螺母两边进行装配。螺纹连接的特点如下：

① 螺纹拧紧时能产生很大的轴向力。

② 能方便地实现自锁。

③ 外形尺寸小。

④ 制造简单，能保持较高的精度。

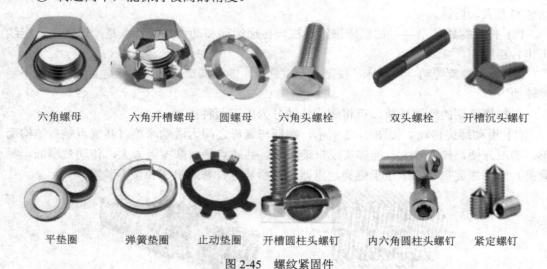

|六角螺母|六角开槽螺母|圆螺母|六角头螺栓|双头螺栓|开槽沉头螺钉|

|平垫圈|弹簧垫圈|止动垫圈|开槽圆柱头螺钉|内六角圆柱头螺钉|紧定螺钉|

图 2-45　螺纹紧固件

5. 弹簧

弹簧是机械和电子行业中广泛使用的一种弹性元件，各种弹簧如表 2-4 中所示。弹簧在产生较大的弹性变形时，可把机械能或动能转化为变形能，而在卸载后弹簧的变形消失并恢复原状，此时又可将变形能转化为机械能。

1) 弹簧的功用

① 缓冲和减振。如汽车、火车车厢下的减振弹簧，各种缓冲器的缓冲弹簧等。

② 控制机构的运动。如内燃机中的阀门弹簧、离合器中的控制弹簧等。

③ 储存及输出能量。如钟表弹簧、枪闩弹簧等。

④ 测量力的大小。如弹簧秤、测力器中的弹簧等。

2) 弹簧的类型

弹簧的主要类型、特点及应用见表 2-4。

表 2-4　弹簧的类型、特点及应用等

类型		承载方式	简　图	特点及应用
螺旋弹簧	圆柱形弹簧	压缩		刚度稳定，结构简单，制造方便，应用最广
		拉伸		
		扭转		在各种装置中用于压紧、储能或传递转矩

续表

类型		承载方式	简　图	特点及应用
螺旋弹簧	圆锥形弹簧	压缩		结构紧凑，稳定性好，刚度随载荷增大而增大，多用于载荷较大和需要减振的场合
其他弹簧	蝶形弹簧	压缩		刚度大，缓冲吸振能力强，适用于载荷很大而弹簧的轴向尺寸受到限制的场合，如常用作重型机械、大炮等的缓冲和减振的弹簧
	环形弹簧	压缩		能吸收较多能量，有很高的缓冲和吸振能力，如常用作重型车辆和飞机起落架等的缓冲的弹簧
	盘簧	扭转		变形角大，能储存的能量大，轴向尺寸较小，如多用于钟表、仪器中的储能的弹簧
	板弹簧	弯曲		缓冲和减振性能好，主要用作汽车、拖拉机、火车车辆等悬挂装置中的缓冲和减振

6. 导轨

导轨的功用是支承和导向，运动部件在外力作用下沿着床身、立柱、横梁等支承件上的导轨面准确地沿一定方向运动。与运动部件联成一体的导轨叫动导轨，与支承件联成一体的导轨称为支承导轨。常见的导轨形式如图 2-46 所示。

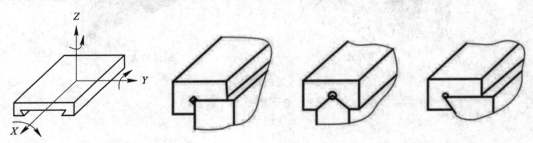

图 2-46　导轨形式

导轨按运动轨迹分为直线运动导轨和圆周运动导轨；按工作性质分为主运动导轨、进给运动导轨、调整位置用导轨；按摩擦性质分为滑动导轨和滚动导轨。滑动导轨中有普通滑动导轨、贴塑导轨、液体动—静压导轨、气体静压导轨。

数控机床常用贴塑导轨、液体静压导轨和滚动导轨。下面对这三种导轨作一简单介绍。

(1) 贴塑导轨：数控机床常用的塑料导轨有聚四氟乙烯软带导轨和环氧型耐磨涂层导轨两类。

(2) 静压导轨：静压导轨是将具有一定压力的油或气体介质通入导轨的运动件与导向支承件之间，运动件浮在压力油或气体薄膜之上，与导向支承件脱离接触，致使摩擦阻力(力矩)大大降低。运动件受外载荷作用后，介质压力会反馈升高，以支承外载荷。静压导轨的基本形式有两类：开式静压导轨和闭式静压导轨。开式静压导轨原理如图2-47所示。

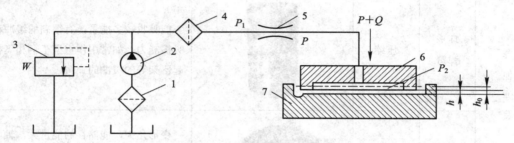

图 2-47　开式静压导轨原理简图
1—滤油器；2—泵；3—溢流阀；4—滤油器；5—节流器；6—运动导轨；7—床身导轨

(3) 滚动导轨：直线运动滚动支承就是滚动导轨，即在导轨工作面间放入滚珠、滚柱或滚针等滚体便是滚动导轨。直线滚动导轨副包括导轨条和滑块两部分，如图2-48所示。导轨条通常为两根，装在支承件上，如图2-49所示。

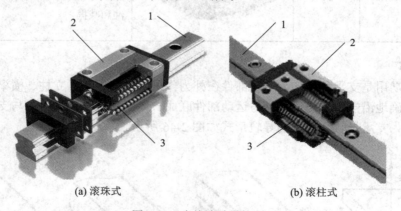

(a) 滚珠式　　　　　　　　　　　(b) 滚柱式

图 2-48　直线滚动导轨副
1—导轨；2—滑块；3—滚子

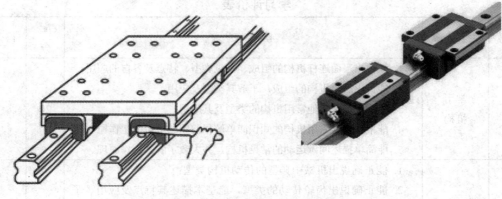

图 2-49　直线滚动导轨副的配置

练 习 题

1. 什么是低副？什么是高副？试举例说明。
2. 铰链四杆机构有哪三种基本形式？各举一个生产应用的例子。
3. 凸轮机构由哪几部分组成？它具有什么优缺点？
4. 螺旋机构如何分类？它有什么优缺点？
5. 滚动螺旋传动的优点是什么？
6. 什么叫间歇运动机构？请举例说明。
7. 齿轮传动有哪些结构形式？
8. 简要说明带传动及链传动的优缺点？
9. 简要说明同步带的优点。
10. 汽车传动轴属于什么类型的轴？它有什么特点？
11. 滚动轴承的组成部分有哪些？
12. 联轴器与离合器的相同与不同点在哪里？
13. 传动螺纹通常采用什么牙型的螺纹？
14. 弹簧的主要类型有哪些？
15. 滚动导轨由哪几部分组成？
16. 机械产品中常见的基础零部件及连接件有哪些？
17. 齿轮和轴的常用材料是什么？它们常见的热处理方法有哪些？
18. 谐波减速器属于什么传动？它由哪几个部分组成？它一般用在什么设备里？

学 习 评 价

根据个人实际填写下表，进行自我学习评价。

学习评价表

序号	主要内容	考 核 要 求	配分	得分
1	常用机构	1. 能说出平面连杆机构的组成、常见类型、特点及各自的应用； 2. 能说出凸轮机构的组成，了解其类型及应用； 3. 能简单描述其他常用机构的类型及其应用； 4. 能根据所学常用机构的知识简单解释门座起重机的工作原理； 5. 能简单描述间歇运动的常见机构，并大致了解其工作原理	20	
2	传动机构	1. 能正确说出机械中典型的传动机构类型； 2. 能正确说出齿轮传动的类型，能基本描述其特点及应用，了解其材料； 3. 能说出带传动机构的组成，简单描述其类型、特点及其应用，了解其材料； 4. 能简单描述链传动机构的组成、特点及应用； 5. 能根据所学传动机构的知识基本分析比较各传动机构的特点，并能根据机械作业要求简单选择各传动类型	30	
3	基础零件	1. 能正确说出机械中典型的基础零件类型； 2. 能说出轴的作用、类型，能基本描述其应用，了解其选材； 3. 能说出轴承的作用及组成，基本熟悉其类型及应用； 4. 能简单描述联轴器及离合器的作用，并比较它们各自的特点及应用； 5. 能说出常见的螺纹连接件，大致了解螺纹的作业原理及类型等内容； 6. 能大致了解弹簧的作用及应用； 7. 能说出导轨的作用，能基本描述导轨的一般应用； 8. 能以一机械产品(如减速器)为例，认识其内部的基础零件，分析它们各自的作用，简单描述产品的工作原理	50	
备注			自评得分	

第 3 章

传感与检测技术

知识目标

(1) 知道什么是传感与检测技术；
(2) 掌握传感与检测技术的组成要素；
(3) 熟悉常用传感器的应用特点；
(4) 了解传感与检测技术的发展动向。

能力目标

(1) 能初步合理地选择和使用传感器；
(2) 能简单分析和处理传感器技术问题。

知识导入

汽车仪表盘之所以能显示温度、转速等多种车况信息，是因为汽车电子控制系统上应用了多种传感器，这些传感器有空气流量计、压力传感器、位置传感器、速度传感器、温度传感器、气体浓度传感器等。

汽车传感器作为汽车电子控制系统的信息源，是汽车电子控制系统的关键部件。目前，一辆普通家用轿车上大约安装有几十到近百只传感器，而豪华轿车上的传感器数量可多达二百余只。传感器在汽车上的使用大大提升了汽车的性能、安全性和舒适性。图 3-1 为轿车上的传感器。

生活中常见的各种电子秤及用于运输车辆测重的地秤(如图 3-2 所示)之所以能快速显示出重量数值，离不开传感器技术的支持。

安全检查门(如图 3-3 所示)是一种检测人员有无携带金属物品的探测装置，又称金属探测门。其中电涡流式通道安全的出入口检测系统应用较广，可有效地探测出枪支、匕首等金属武器及其他大件金属物品。安全检查门广泛应用于机场、海关、钱币厂、监狱等重要场所。利用电涡流式传感器能够进行通道安全门的检查，防止危险金属物品的进入。

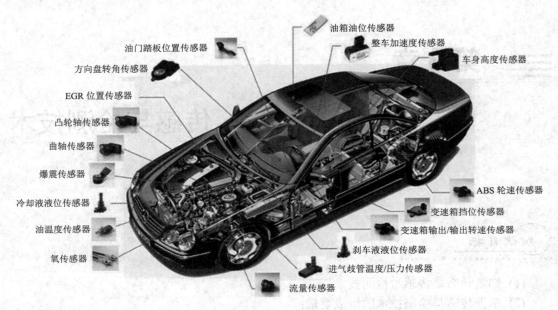

图 3-1　轿车上的传感器

图 3-2　电子秤　　　　　　　　　　　　　　　　图 3-3　安全检查门

　　那么，什么是传感与检测技术呢？常见的传感器主要有哪些类型？这些传感器主要检测哪些参量？它们常用于什么场合？希望通过下面的学习能得到解答。

3.1　认识传感与检测技术

1. 什么是传感与检测技术

1）什么是检测技术

　　检测是利用各种物理、化学效应，选择合适的方法与装置，将生产、科研生活等各方面的有关信息通过检查与测量的方法赋予定性或定量结果的过程。能够自动地完成整个检测处理过程的技术称为自动检测与转换技术。检测技术是自动化技术的支柱之一。

　　自动检测系统是帮助完成整个检测处理过程的系统。目前，非电量的检测常常采用电测法，即先将采集到的各种非电量转换为电量，然后再进行处理，最后显示或记录非电量值。系统的组成框图如图 3-4 所示。

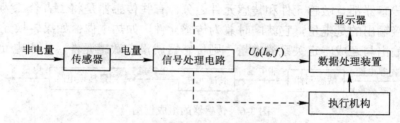

图 3-4　自动检测系统原理框图

2) 什么是传感器

根据国标(GB/T 7665—2005)，传感器的定义为：“能感受规定的被测量，并按照一定规律转换成可用输出信号的器件或装置。”如图 3-5 所示，人通过感官感觉外界对象的刺激，通过大脑对感受到的信息进行判断、处理，肢体作出相应的反映。传感器相当于人的感官，称“电五官”，外界信息由它提取，并转换为系统易于处理的电信号，微机对电信号进行处理，发出控制信号给执行器，执行器对外界对象进行控制。如果没有各种精确可靠的传感器去检测原始数据并提供真实的信息，即使是性能非常优越的计算机，也无法发挥其应有的作用。传感器作为信息采集系统的前端单元，已成为机电一体化系统中的关键部件，它作为系统中的一个结构组成，其重要性变得越来越明显。

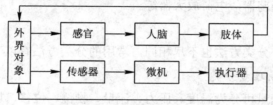

图 3-5　人与机器的机能对应关系图

从广义上讲，传感器就是能够感觉外界信息，并能按一定规律将这些信息转换成可用的输出信号的器件或装置。这一概念包含了下面三方面的含义：

(1) 传感器是一种能够完成提取外界信息任务的装置。

(2) 传感器的输入量通常指非电量，如物理量、化学量、生物量等；而输出量是便于传输、转换、处理、显示等的物理量，主要是电量信号。例如，电容传感器的输入量可以是温度、压力、位移、速度等非电量信号，输出则是电压信号。

(3) 传感器的输出量与输入量之间精确地保持一定规律。

针对传感器，在不同的学科领域曾出现过多种名称，如变送器、发送器、发信器、探头等。这些提法反映了在不同的技术领域中，根据它们的用途使用了不同术语而已，它们的内涵是相同或相近的。如在过程控制中称为变送器，即标准化的传感器，而在射线检测中称为发送器、接收器或探头等。

2. 传感器的组成

传感器的输入量通常指非电量，如物理量、化学量、生物量等；而输出量则是便于传输、转换、处理、显示的物理量，主要是电信号。例如：电容式传感器的输入量可以是温度、压力、位移、速度等非电量信号，输出则是电压信号。

传感器一般由敏感元件、传感元件和测量转换电路三部分组成，如图 3-6 所示，但并不是所有的传感器都有敏感元件和传感元件之分，有些传感器是将二者合二为一的。如果敏感元件直接输出的是电量，它就同时兼为传感元件，如热电偶；如果转换元件能直接感受被测量而输出与之成一定关系的电量，则传感器就没有敏感元件，如压电元件。

非电量
(被测量) →　敏感元件　→ 非电量 →　传感元件　→ 电参量 →　测量转换电路　→ 电量

图 3-6　传感器的组成框图

1) 敏感元件

敏感元件是传感器中能直接感受被测量的部分，即直接感受被测量，并输出与被测量成确定关系的某一物理量。例如，弹性敏感元件将压力转换为位移，且压力与位移之间保持一定的函数关系。

2) 传感元件

传感元件是传感器中将敏感元件输出量转换为适于传输和测量的电信号的元件。例如，应变式压力传感器中的电阻应变片将应变转换成电阻的变化。

3) 测量转换电路

测量转换电路将电量参数转换成便于测量的电压、电流、频率等电量信号。例如交、直流电桥，放大器，振荡器，电荷放大器等。

3. 传感器的分类

传感器种类繁多，分类方法也不尽相同，常用的分类方法有以下几种。

1) 按传感器被测物理量分类

传感器按被测物理量可分为温度、压力、流量、物位、位移、加速度、磁场、光通量等传感器。这种分类方法明确表明了传感器的用途，便于使用者选用，如压力传感器用于测量压力信号。

2) 按传感器工作原理分类

传感器按工作原理可分为电阻传感器、热敏传感器、光敏传感器、电容传感器、电感传感器、磁电传感器等，这种方法表明了传感器的工作原理，有利于传感器的设计和应用。例如，电容传感器就是将被测量转换成电容值的变化量。表 3-1 列出了这种分类方法中各类型传感器的名称及典型应用。

表 3-1　传感器分类

传感器名称	工作原理简介	中间参量	典型应用
电位器传感器	电位器触点移动时，电阻值也随之改变	电阻	500 mm 以下或 360° 以下直线位移和角位移的测量
电阻应变传感器	电阻应变效应		2000 μm/m 以下的力、应力、应变、扭矩、质量、振动、加速度及压力的测量

传感器名称		工作原理简介	中间参量	典型应用
热电阻传感器	热电阻	电阻的温度效应(电阻随温度的改变而发生变化)	电阻	−200℃～650℃测温和温度控制
	热敏电阻			−50℃～150℃测温和温度控制
光敏电阻传感器		光电效应		测光、光控
湿敏电阻传感器		某些材料吸湿后导电能力随湿度的不同而发生明显变化		湿度的测量和控制
电容传感器		改变电容两极板间的正对面积、极距或介电常数,从而改变电容的容量	电容	力、压力、负荷、位移、液位、厚度、含水量等的测量
电感传感器 差动变压器式传感器		改变磁路几何尺寸、导磁体位置从而改变自感或互感系数	电感	小位移、液体及气体的压力测量及工件尺寸的测量
电涡式传感器		电涡流效应		小位移、振幅、转速、表面湿度、表面状态测量及无损探伤、接近开关
压电传感器		压电效应	电荷	振动、加速度、速度、位移测量
光电晶体管		光电效应	电动势	光亮度、温度、转速、位移、振动、透明度测量或其他特殊领域的应用
霍尔传感器		霍尔效应		磁场强度、角度、位移、振动、转速、压力测量或其他特殊场合的应用
热电偶传感器		热电效应	温差电动势	温度的测量和控制
超声波传感器		电致伸缩效应或磁致伸缩效应	超声波反射、透射、衰减等	距离、速度、位移、流量、流速、厚度、液位、物位测量及无损探伤
光栅传感器		利用莫尔条纹实现"光放大"	计数	大位移静、动态测量,多用于自动化机床
磁栅传感器		电磁感应现象		
感应同步器		互感现象		

3) 按传感器转换能量供给形式分类

按转换能量供给形式不同,可将传感器分为能量变换型(发电型)和能量控制型(参量型)两种。能量变换型传感器在进行信号转换时不需另外提供能量,就可将输入信号能量变换为另一种形式的能量并输出,如热电偶传感器、压电式传感器等;能量控制型传感器工作时必须有外加电源,如电阻、电感、电容、霍尔式传感器等。

4) 按传感器工作机理分类

按工作机理不同，可将传感器分为结构型传感器和物性型传感器。结构型传感器是指被测量变化时引起了传感器结构发生改变，从而引起输出电量变化。例如，电容式压力传感器就属于这种传感器，外加压力变化时，电容极板发生位移，电容传感器结构改变引起电容值变化，输出电压也发生变化。物性型传感器是利用物质的物理或化学特性随被测参数变化而改变的原理工作的。这种传感器一般没有可动结构部分，易小型化，如各种半导体传感器。

习惯上常把工作原理和用途结合起来命名传感器，如电容式压力传感器、电感式位移传感器等。

3.2　常用传感器及其应用

正如前面介绍的，传感器作用各异、种类繁多，下面就对几种机电一体化系统中常见的传感器作一简单介绍。

1. 温度传感器

温度是日常生活、医学、工农业及科研等各个领域广泛接触的物理量，而测量温度的关键是传感器。机电一体化系统中常用的温度传感器有热电阻传感器、热电偶传感器和集成温度传感器等。

1) 热电阻传感器

物质的电阻率随着温度变化而变化的现象称为热电阻效应。根据热电阻效应制成的传感器叫作热电阻传感器。

热电阻传感器可分为金属热电阻和半导体热电阻两大类。前者简称热电阻，由金属导体铂、铜、镍等制成；后者简称热敏电阻，由半导体材料制成。常见热电阻传感器如图 3-7 所示。

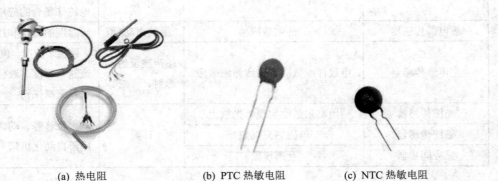

(a) 热电阻　　　　　　　(b) PTC 热敏电阻　　　　　　(c) NTC 热敏电阻

图 3-7　热电阻传感器

热电阻主要用于中、低温度($-200℃ \sim 650℃$)范围内的温度测量。常用的标准化热电阻材料有铂、铜等材料。目前国内统一设计的工业用铂电阻的 R_0 值(0℃时的电阻值)有 $10\,\Omega$、$50\,\Omega$、$100\,\Omega$ 等几种，其相应的分度号为 Pt10、Pt50、Pt100 等；铜热电阻的 R_0

值有 50 Ω、100 Ω 两种，分度号分别用 Cu50、Cu100 表示。热电阻具有测量精度高、性能稳定等特点，其中铂热电阻的测量精确度是最高的，被广泛应用于工业测温。图 3-8 为铂热电阻的结构。

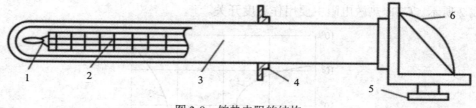

图 3-8　铂热电阻的结构

1—铂电阻丝；2—绝缘管；3—保护套管；4—安装固定件；5—引线口；6—接线盒

通常工业上用于测温的热电阻传感器是采用铂电阻和铜电阻作为敏感元件，测量电路用得较多的是电桥，热电阻传感器的测量电路通过电桥将电阻信号转换成电压信号来测量。由于热电阻的阻值较小，连接导线的电阻值会产生误差。为了消除导线电阻的影响，一般采用三线或四线电桥连接法。

图 3-9 为铂电阻 Pt_{100} 作为感温元件的室内温度测量电路，包括电桥和放大电路及转换电路，当温度变化时，其阻值发生变化，电桥失去平衡，产生的电势差经放大器进行放大，再加到 A/D 转换器上，输出的数字信号与微机或其他设备相连。

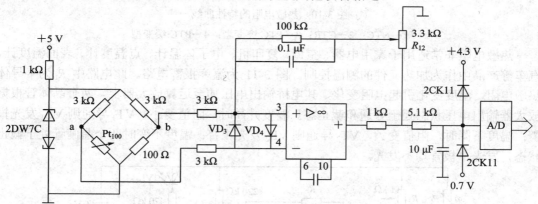

图 3-9　Pt_{100} 室温测量电路

热敏电阻测量范围一般在 -40℃～350℃，用于各种温度测量、温度补偿及要求不高的温度控制场合。热敏电阻按温度系数可分为正温度系数热敏电阻(PTC)、负温度系数热敏电阻(NTC)和临界温度系数热敏电阻(CTR)。这三类热敏电阻的电阻(R_t)—温度(t)的特性曲线如图 3-10 所示。

(1) PTC 热敏电阻即正温度系数热敏电阻，指正温度系数很大的半导体材料或元器件，它是一种具有温度敏感性的半导体电阻，它的电阻值随着温度的升高呈阶跃性的增高，温度越高，电阻值越大。突变型 PTC 热敏电阻随温度升高到某一值时电阻急剧增大，如图 3-10 中曲线 3 所示，其主要用作温度开关。缓变型 PTC 热敏电阻如图 3-10 中曲线 4 所示，其主要用于在较宽的温度范围内进行温度补偿或温度测量。

(2) NTC 热敏电阻的电阻值随温度的增加而减小，即所谓负温度系数。如图 3-10 中曲线 1 所示。NTC 热敏电阻主要用于温度测量和温度补偿，其特点是电阻温度系数大，结构简单，体积小，电阻率高，热惯性小，易于维护，制造简单，使用寿命长，能进行远距离控制；其缺点是互换性差，非线性严重。

(3) CTR 热敏电阻(临界温度热敏电阻)到达骤变温度时，其电阻急剧下降，如图 3-10 中曲线 2 所示。CTR 热敏电阻主要用作温度开关。

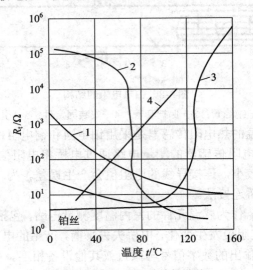

图 3-10　热敏电阻的特性曲线

1—NTC；2—CTR；3—PTC 突变型；4—PTC 缓变型

热敏电阻非常适用于家用电器、空调、复印机、电子体温计、点温度计、表面温度计、汽车等产品中作为加热元件的测温控制。图 3-11 为温度报警电路。此电路中 R_t 为半导体热敏电阻，温度变化引起电阻变化，其电桥输出电压加至运算放大器上，两个晶体管根据放大器输出电压状态处于导通和截止态。温度升高时，阻值变小，VT_1 导通则 VL_1 发光报警；温度下降时，阻值变大，VT_2 导通则 VL_2 发光报警；温度不变时两个晶闸管处于截止状态，发光二极管均不发光。

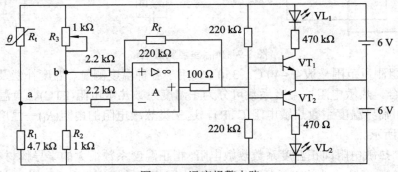

图 3-11　温度报警电路

2) 热电偶传感器

将两种不同的导体或半导体组成一个闭合回路，当两结合点的温度不同时，则在该回路中就会产生电动势，这种现象称为热电效应，产生的电动势称为热电动势。热电偶传感器(简称热电偶)就是利用这种原理进行温度测量的。其中，直接用作测量介质温度的一端叫作测量端，又称为工作端或热端，另一端叫作冷端，又称自由端或参考端。冷端与显示仪表或配套仪表连接，显示仪表会指出热电偶所产生的热电动势，如图 3-12 所示。

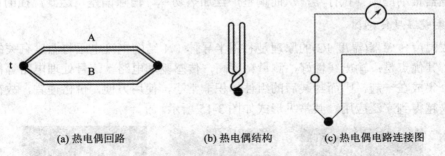

(a) 热电偶回路　　　　　(b) 热电偶结构　　　　(c) 热电偶电路连接图

图 3-12　热电偶原理示意图

热电偶就是根据此原理设计制作的将温差转换为电动势量的热电动势传感器，如图 3-13 所示。

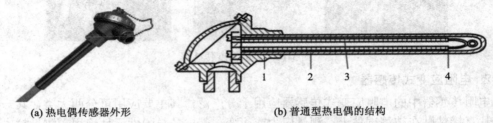

(a) 热电偶传感器外形　　　　　　(b) 普通型热电偶的结构

图 3-13　热电偶传感器

1—接线盒；2—保护套管；3—绝缘套管；4—热电偶丝

热电偶是温度测量中应用最广泛的温度器件，具有结构简单、使用方便、精度高、热惯性小、测温范围宽、测温上限高、可测量局部温度和便于远程传送等优点。

热电偶传感器目前在工业生产中得到了广泛的应用，并且可以选用定型的显示仪表和记录仪来进行显示和记录。图 3-14 所示为利用热电偶测量控制炉温的系统示意图。

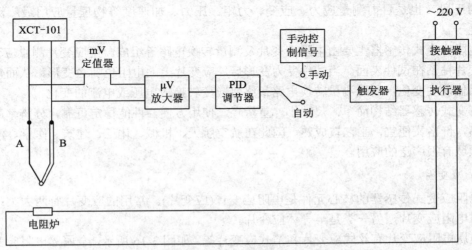

图 3-14　热电偶温控系统

图 3-14 中由毫伏定值器给出设定温度对应的毫伏数,当热电偶测量的热电势与定值器输出的数值有偏差时,说明炉温偏离设定值,此偏差经放大器放大后送到调节器,再经晶闸管触发器推动晶闸管执行器,从而调整炉丝加热功率,消除偏差,达到温控的目的。

3) 集成温度传感器

集成温度传感器(温度 IC)的原理是利用半导体 PN 结的电流电压与温度有关的特性进行测温。其优点是:输出线性好,测量精度高,传感驱动电路、信号处理电路等都与温度传感部分集成在一起,因而封装后的组件体积非常小,使用方便,价格便宜,故在测温技术中越来越得到广泛应用。其常见形式如图 3-15 所示。

图 3-15　集成温度传感器

2. 电阻应变式传感器

电阻传感器中的电阻应变式传感器应用十分广泛,其主要应用可分两大类,其一是将应变片直接粘贴在被测试件上,测量应力或应变;其二是与弹性元件连用,测量拉力、压力、位移、速度、加速度等物理量。

1) 电阻应变式传感器概述

电阻应变式传感器是利用导体或半导体材料的应变效应制成的,所谓应变效应,是指导体或半导体材料在外界作用下(如压力等),会产生机械变形,其电阻值也将随着发生变化的现象。它可用于测量微小的机械变化量,在结构强度实验中,它是测量应变最主要的手段,也是目前测量应力、应变、力矩、压力、加速度等物理量应用最广泛的传感器之一。

电阻应变式传感器主要由电阻应变片及测量转换电路等组成。用应变片测量应变时,将应变片粘贴在试件表面。当试件受力变形后,应变片上的电阻也随之变形,从而使应变片电阻值发生变化,通过测量转换电路最终将应变转换成电压或电流的变化。

应变式传感器结构简单,尺寸小,重量轻,使用方便,性能稳定可靠,分辨率高,灵敏度高,价格又便宜,工艺较成熟。因此在航空航天、机械、化工、建筑、医学、汽车工业等领域有很广泛的应用。

2) 应变片

电阻应变式传感器的核心元件是电阻应变计(应变片)。常用的应变片有两大类:一类是金属电阻应变片,另一类是半导体应变片。

金属电阻应变片有丝式应变片和箔式应变片等。如图 3-16 所示,金属丝电阻应变片由敏感栅、基底、覆盖层和引出线组成。

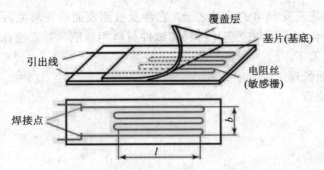

图 3-16　金属丝电阻应变片的结构

敏感栅：感受应变，并将其转换为电阻的变化。

基底和覆盖层：固定和保护敏感栅，使敏感栅与试件绝缘，并将试件变形传递给敏感栅。

引出线：将敏感栅的电阻变化引出到测量电路中。

箔式应变片的优点是表面积和截面积之比大，散热条件好，故允许通过较大的电流，并可做成任意形状，便于大量生产。由于上述一系列优点，所以其使用范围日益广泛，有逐渐取代丝式应变片的趋势。图 3-17 所示为各式箔式电阻应变片。

图 3-17　各式箔式电阻应变片

半导体应变片的结构如图 3-18 所示。它的使用方法与电阻丝式应变片相同，即将应变片粘贴在被测物上，随被测物的应变，其电阻值发生相应的变化。

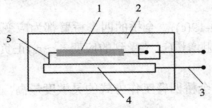

图 3-18　半导体应变片

1—半导体敏感条；2—基底；3—引线；4—引线连接片；5—内引线

半导体应变片的工作原理是基于半导体材料的压阻效应来测量应变。所谓压阻效应，是指半导体材料受应力作用时，其电阻率会发生变化的现象。许多半导体材料和金属材料一样具有电阻应变效应，且电阻应变效应也是由几何效应和压阻效应组成的，所不同的是，半导体材料的压阻效应特别显著。

半导体应变片的主要优点是灵敏度高(灵敏度比金属丝式、箔式大几十倍)，其主要缺点是灵敏度的一致性差、温漂大，电阻与应变间非线性严重。在使用时，需采用温度补偿及非线性补偿措施。

应变片的粘贴是应变测量的关键之一,它涉及被测表面的变形能否正确地传递给应变片。粘贴所用的黏合剂必须与应变片材料和试件材料相适应,并要遵循正确的粘贴工艺。现将粘贴工艺简述如下:

① 试件的表面处理。

② 确定贴片位置。

③ 粘贴。

④ 固化。

⑤ 粘贴质量检查。

⑥ 引线的焊接与防护。

3) 测量转换电路

根据不同的要求,应变电桥有不同的工作方式,如图 3-19 所示。

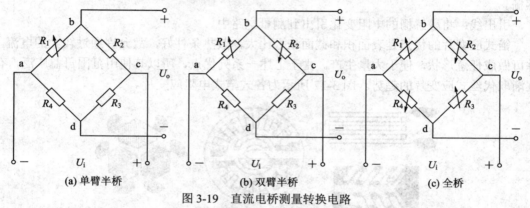

(a) 单臂半桥　　　　　　　**(b) 双臂半桥**　　　　　　　**(c) 全桥**

图 3-19　直流电桥测量转换电路

(1) 单臂半桥工作方式(图 3-19(a))。其中,R_1 为应变片,其余各臂为固定电阻。

(2) 双臂半桥工作方式(图 3-19(b))。其中,R_1、R_2 为应变片,R_3、R_4 为固定电阻。应变片 R_1、R_2 感受到的应变 $\varepsilon_1 \sim \varepsilon_2$ 以及产生的电阻增量的正负号相间,可以使输出电压 U_o 成倍地增大。

(3) 全桥工作方式(图 3-19(c))。全桥的四个桥臂都为应变片,如果设法使试件受力,则应变片 $R_1 \sim R_4$ 产生的电阻增量(或感受到的应变 $\varepsilon_1 \sim \varepsilon_4$)正负号相减,就可以使输出电压 U_o 成倍地增大。

上述三种工作方式中,全桥四臂工作方式的灵敏度最高,单臂半桥工作方式的灵敏度最低。

在实际应用时,应尽量采用双臂半桥或全桥的工作方式,这不仅是因为这两种工作方式的灵敏度较高,还因为它们都具有实现温度自补偿的功能。当环境温度升高时,桥臂上的应变片温度同时升高,温度引起的电阻值漂移大小一致,从而减小因桥路的温漂而带来的测量误差。

4) 电阻应变式传感器的应用

(1) 测力传感器。

测力传感器多为应变片式传感器,应变片式传感器的最大用武之地还是在称重和测力领域,如图 3-20 所示。这种测力传感器的结构由应变计、弹性元件和一些附件所组成。视弹性元件结构型式(如柱形、筒形、环形、梁式、轮辐式等)和受载性质(如拉、压、弯曲和剪切等)的不同，它们有许多种类。

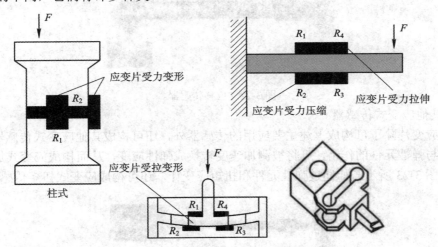

图 3-20　应变片式传感器测力及称重简图

例如电子秤，如图 3-21 所示，将物品重量通过悬臂梁转化结构变形再通过应变片转化为电量输出。

图 3-21　电子秤

(2) 压力传感器。

压力传感器主要用来测量流体的压力。视其弹性体的结构形式不同，有单一式和组合式之分。

单一式压力传感器是指应变计直接粘贴在受压弹性膜片或筒上。

组合式压力传感器则由受压弹性元件(膜片、膜盒或波纹管)和应变弹性元件(如各种梁)组合而成。前者承受压力，后者粘贴应变计。两者之间通过传力件传递压力作用。这种结构的优点是受压弹性元件能对流体高温、腐蚀等影响起到隔离作用，使应变计具有良好的工作环境。

(3) 位移传感器。

应变式位移传感器是把被测位移量转变成弹性元件的变形和应变，然后通过应变计和应变电桥，输出正比于被测位移的电量。它可用来近测或远测静态与动态的位移量。其外形如图 3-22 所示。

图 3-22　位移传感器

(4) 其他应变式传感器。

利用应变片除了可构成上述主要应用的传感器外，还可构成其他应变式传感器，如通过质量块与弹性元件的作用，可将被测加速度转换成弹性应变，从而构成应变式加速度传感器，如图 3-23 所示。如通过弹性元件和扭矩应变计，还可构成应变式扭矩传感器等。

图 3-23　加速度传感器

3. 电涡流传感器

在电工学中，我们学过有关电涡流的知识。当导体处于交变的磁场中时，铁芯会因为电磁感应而在内部产生自行封闭的电涡流并发热。变压器和交流电动机的铁芯都是用硅钢片叠制而成的，就是为了减小电涡流，避免发热。但人们也能利用电涡流做有用的工作，如电磁灶、中频炉、高频淬火等都是利用电涡流原理而工作的。

基于法拉第电磁感应现象，金属导体在置于交变的磁场中时，导体表面会有感应电流产生。电流的流线在金属体内自行闭合，这种由电磁感应原理产生的旋涡状感应电流称为电涡流，这种现象称为电涡流效应。要形成涡流必须具备两个条件：存在交变磁场；导电体处于交变磁场中。

1) 电涡流传感器的定义及分类

根据电涡流效应制成的传感器称为电涡流传感器。电涡流传感器能准确测量被测体(必须是金属导体)与探头端面之间静态和动态的相对位移变化。

如图 3-24(a)所示，电涡流传感器的传感元件是一个线圈，俗称为电涡流探头。电涡流探头结构实物如图 3-24(b)所示。随着电子技术的发展，现在已能将测量转换电路安装到探头的外壳体中，它具有输出信号大、不受输出电缆分布电容影响等优点。

电涡流传感器工作原理如图 3-25 所示，电涡流传感器线圈中通入高频电流就产生磁场，这个磁场接近金属物体时会在金属物体中产生电涡流，涡流大小随对象(物体)表面的距离而变化，该涡流变化反作用于线圈，通过检测线圈的输出即可反映出传感器与被接近金属间的距离。按照电涡流在导体内的贯穿情况，此种传感器分为高频反射式与低频透射式两大类，但从基本工作原理上来说两者仍是相似的。

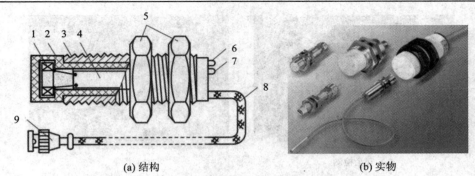

(a) 结构   (b) 实物

图 3-24 电涡流探头结构与实物

1—电涡流线圈；2—探头壳体；3—壳体上的位置调节螺纹；

4—印制线路板；5—夹持螺母；6—电源指示灯；7—阈值指示灯；

8—输出屏蔽电缆线；9—电缆插头

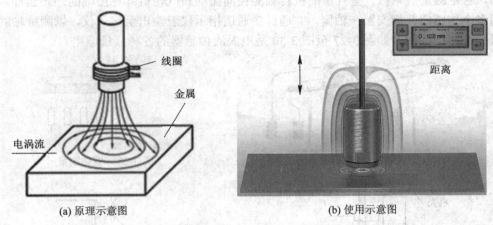

(a) 原理示意图   (b) 使用示意图

图 3-25 电涡流传感器工作原理

电涡流传感器最大的特点是能对位移、厚度、表面温度、速度、应力、材料损伤等进行非接触式连续测量，另外它还具有体积小、灵敏度高、频率响应宽等特点，应用极其广泛。

2) 电涡流传感器的应用

电涡流传感器由于具有结构简单、灵敏度高、线性范围大、频率响应范围宽、抗干扰能力强等优点，并能进行非接触测量，在科学领域和工业生产中得到广泛使用。在检测领域，电涡流传感器的用途就更多了，如它可以用来探测金属(如图 3-26(a)和图 3-26(b)所示的安全检测、探雷等)、非接触地测量微小位移和振动以及测量工件尺寸、转速、表面温度等诸多与电涡流有关的参量，还可以作为接近开关和进行无损探伤。它的最大特点是可进行非接触测量，它是检测技术中用途十分广泛的一种传感器。

下面介绍电涡流传感器的几种典型应用，如位移测量、振动测量、转速测量、厚度测量、电涡流表面探伤。

(a) 安全检测　　　　　　　　　　　　　(b) 探雷

图 3-26　电涡流传感器的应用

(1) 位移和振动测量。

在测量位移方面，除可直接测量金属零件的动态位移外，还可测量如金属材料的热膨胀系数、钢水液位、纱线张力、流体压力、加速度等可变换成位移量的参量。在测量振动方面，它是测量汽轮机、空气压缩机转轴的径向振动和汽轮机叶片振幅的理想器件。还可以用多个传感器并排安置在轴侧，并通过多通道指示仪表输出至记录仪，以测量轴的振动形状并绘出振型图。如图 3-27 至图 3-30 是电涡流传感器的各种测量应用。

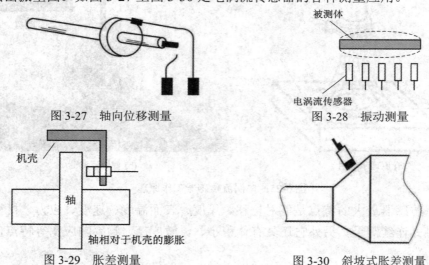

图 3-27　轴向位移测量　　　　　　　　图 3-28　振动测量

图 3-29　胀差测量　　　　　　　　　　图 3-30　斜坡式胀差测量

(2) 转速测量。

在测量转速方面，只要在旋转体上加工或加装一个有凹缺口的圆盘状或齿轮状的金属体，并配以电涡流传感器，就能准确地测出转速。测量原理如图 3-31 所示。

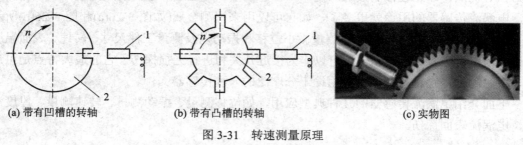

(a) 带有凹槽的转轴　　　　(b) 带有凸槽的转轴　　　　　　(c) 实物图

图 3-31　转速测量原理

1—传感器；2—被测物

(3) 厚度测量。

如图 3-32 所示，电涡流传感器也可用于测量金属和非金属材料的厚度。

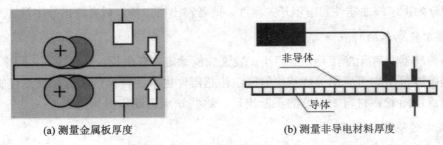

(a) 测量金属板厚度　　　　　　　　(b) 测量非导电材料厚度

图 3-32　厚度测量

(4) 电涡流表面探伤测量。

保持传感器与被测导体的距离不变，还可实现电涡流探伤。探测时如果遇到裂纹，导体电阻率和磁导率就发生变化，电涡流损耗，从而输出电压也相应改变。通过对这些信号的检验就可确定裂纹的存在和方位。探伤测量如图 3-33 所示。

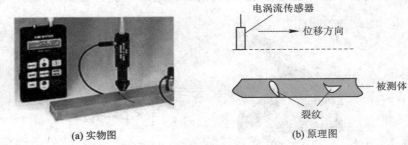

(a) 实物图　　　　　　　　(b) 原理图

图 3-33　探伤测量

此外，利用导体的电阻率与温度的关系，保持线圈与被测导体之间的距离及其他参量不变，就可以测量金属材料的表面温度；还能通过接触气体或液体的金属导体来测量气体或液体的温度。电涡流测温是非接触式测量，适用于测量低温到常温的范围，且有不受金属表面污物影响和测量快速等优点。

4. 霍尔传感器

霍尔传感器和电涡流传感器一样，既可以测量转速也可以测量位移。霍尔传感器是根据霍尔效应制作的一种磁场传感器。它是一种磁敏传感器，被广泛应用于工业自动化技术、检测技术及信息处理等方面。霍尔传感器如图 3-34 所示。

图 3-34　霍尔传感器实物

1) 霍尔传感器概述

如图 3-35 所示，金属或半导体薄片置于磁场中，当有电流流过时，在垂直于电流和磁场的方向上将产生电动势，这种物理现象称为霍尔效应。霍尔效应是磁电效应的一种。

利用霍尔效应做成的器件称为霍尔元件，霍尔元件一般由 N 型的锗、锑化铟和砷化铟等半导体单晶材料制成。霍尔元件输出的电动势很小，并且容易受到温度的影响。随着半导体工艺的不

图 3-35　霍尔效应原理示意图

断发展，现在已经将霍尔元件、放大器、温度补偿电路以及稳压电源等制作在一个芯片上，通常称这种芯片为集成霍尔传感器，简称霍尔传感器或霍尔集成电路。按照霍尔器件的功能可将它们分为霍尔线性器件和霍尔开关器件。前者输出模拟量，后者输出数字量。

2) 霍尔传感器的特点

霍尔传感器具有无摩擦热，噪声小；装置性能稳定，寿命长，可靠性高；频率范围宽，从直流到微波范围均可应用等优点。但霍尔传感器件也存在转换效率低和受温度影响大等明显的缺点，随着新材料新工艺的不断出现，这些缺点正逐步得到克服。

3) 霍尔传感器的应用

霍尔传感器被广泛应用于位移、磁场、电子记数、转速等参数的测控系统中。

(1) 转速测量。

如图 3-36 所示，磁性转盘被输入轴带着转动，固定在磁性转盘附近的霍尔传感器便可在每一个小磁铁通过时产生一个相应的脉冲，检测出单位时间的脉冲数，便可得到被测转速。汽车 ABS 系统的车轮转速就采用该种传感器测量。

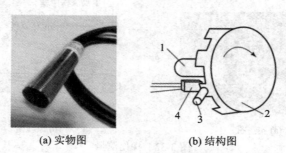

(a) 实物图   (b) 结构图

图 3-36 霍尔转速传感器

1—输入轴；2—磁性转盘；3—小磁铁；4—霍尔传感器

(2) 微位移测量。

如图 3-37 所示，将霍尔元件放在磁场强度相同的两块永久磁铁的中间，由于磁铁中间的磁感应强度为 0，霍尔元件输出的霍尔电动势也等于零。若霍尔元件在两磁铁中产生相对位移Δx，霍尔元件感受到的磁感应强度也随之改变，这时霍尔电动势不为零，其量值大小即反映出霍尔元件与磁铁之间相对位置的变化量。这种结构的传感器灵敏度很高，它所能检测的位移量较小，适合微位移量及振动的测量。

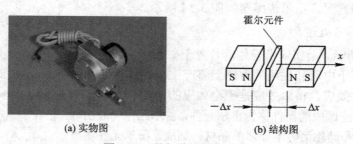

(a) 实物图   (b) 结构图

图 3-37 霍尔微位移传感器

(3) 位置检测。

霍尔接近开关，又称为无触点开关。如图 3-38 所示，当磁性物件移近霍尔开关时，开关检测面上的霍尔元件因产生霍尔效应而使开关内部电路状态发生变化，进而控制开关的通或断。这种接近开关的检测对象必须是磁性物体。电梯运行停止时的控制就是霍尔开关的作用。

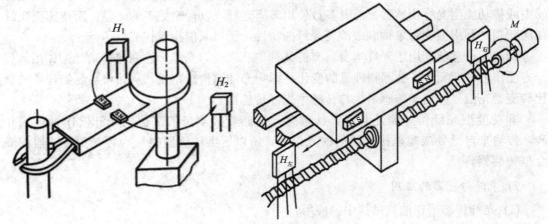

图 3-38　霍尔接近开关的使用

霍尔传感器的应用非常广泛，如霍尔式无刷电动机，正是它的出现，取消了传统直流电动机中的换向器和电刷，避免了电火花和电刷磨损等问题，所以它在录像机、CD 唱机、光驱等家用电器中也得到越来越广泛的应用。

5. 光纤传感器

1) 光纤传感器概述

光纤通常由纤芯、包层、涂覆层及保护套组成，结构如图 3-39(a)所示。纤芯是由玻璃、石英或塑料等材料制成的圆柱体；包层是玻璃或塑料等材料。纤芯的折射率稍大于包层的折射率。

光纤传感器一般是由光源、接口、光导纤维、光调制机构、光电探测器和信号处理系统等部分组成的。来自光源的光线通过接口进入光纤，然后将检测的参数调制成幅度、相位、色彩或偏振信息，最后利用微处理器进行信息处理。光纤传感器一般由三部分组成，除光纤之外，还必须有光源和光探测器两个重要部件，如图 3-39(b)所示。

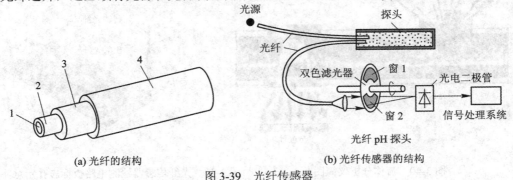

(a) 光纤的结构　　　　　　　　　　　(b) 光纤传感器的结构

图 3-39　光纤传感器

1—纤芯；2—包层；3—涂覆层；4—保护套

光纤传感器与传统的传感器相比，具有灵敏度高、抗电磁干扰、电绝缘、耐腐蚀、本质安全、测量速度快、信息容量大、适用于恶劣环境、质量轻、体积小、可绕曲、测量对象广泛、复用性好、成本低等特点。

光纤传感器一般分为两大类：一类是传光型，也称非功能型光纤传感器；另一类是传感型或称功能型光纤传感器。前者多数使用多模光纤，以传输更多的光量；而传感型光纤传感器则是利用被测对象调制或改变光纤的特性，所以只能用单模光纤。

功能型传感器利用了光纤本身具有的某种敏感功能。光纤一方面起传输光的作用，另一方面作为敏感元件，被测物理量的变化将影响光纤的传输特性，从而将被测物理量的变化转变为光信号。这类传感器也称传感型光纤传感器。

非功能型光纤传感器是利用其他敏感元件感受被测量的变化，光纤仅作为传输介质，传输来自远处或难以接近场所的光信号，所以这类传感器也称为传光型传感器或混合型传感器。

2) 光纤传感器的应用

(1) 光纤传感器在油气勘探中的应用。

光纤传感器由于其抗高温能力、多通络、分布式的感应能力，以及只需要较小的空间即可满足其使用条件的特点，使得其在勘探钻井方面有着独特的优势。如井下分光计、分布式温度传感器及光纤压力传感器等。

流体分析仪如图 3-40 所示，可用于了解初期开发过程中的原油组成成分。它由两个传感器合成：一个是吸收光谱分光计，另一个是荧光和气体探测器。井下流体通过地层探测针被引入出油管，光学传感器用于分析出油管内的流体。流体分析分光计则提供了原位井下流体的分析结果，并对地层流体的评估、改进提供有效数据。

(2) 光纤传感器用于电路板标志孔的检测。

如图 3-41 所示，当光纤发出的光穿过标志孔时，若无反射，说明电路板方向放置正确。

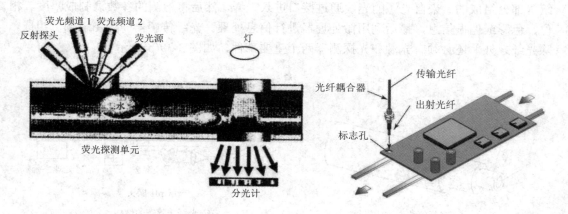

图 3-40　流体分析仪简图　　　　　图 3-41　光纤传感器检测电路板标志孔示意简图

(3) 光纤传感器可用作转速传感器。

如图 3-42 所示，齿盘每转过一个齿，光电断续器就输出一个脉冲。通过脉冲频率的测量或脉冲计数，即可获得齿盘转速和角位移。

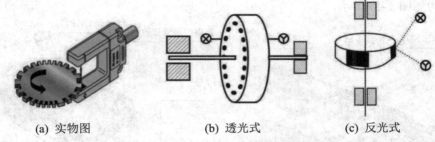

(a) 实物图　　　　　　　(b) 透光式　　　　　(c) 反光式

图 3-42　光纤传感器测转速示意简图

6. 光栅

光栅传感器实际上是光电传感器的一种特殊应用，在高精度的数控机床上，目前大量使用光栅作为位移和角度的检测反馈器件，构成闭环控制系统。图 3-43 为各种常用光栅。

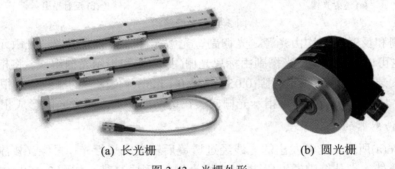

(a) 长光栅　　　　　　　　　　　　(b) 圆光栅

图 3-43　光栅外形

1) 光栅传感器的分类

光栅的种类很多，按形状和用途可分为长光栅(又称为直线光栅)和圆光栅两种，前者用于直线位移测量，后者用于角位移测量。两种光栅的结构如图 3-44 所示。

光栅上的刻线称为栅线，栅线的宽度为 a，缝隙宽度为 b，一般取 $a=b$，而 $w=a+b$ 称为栅距。圆光栅还有一个参数叫栅距角 γ 或称节距角，它是指圆光栅上相邻两条栅线的夹角。

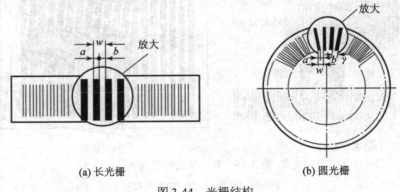

(a) 长光栅　　　　　　　　　　　　(b) 圆光栅

图 3-44　光栅结构

按光线的走向可将光栅分为透射光栅和反射光栅两大类，透射光栅一般是用光学玻璃作基体，在其上均匀地刻划出间距、宽度相等的条纹，形成透光区和不透光区；反射光栅一般使用不锈钢作基体，在其上用化学方法制出黑白相间的条纹，形成反光区和不反光区。其组成结构如图 3-45 所示。

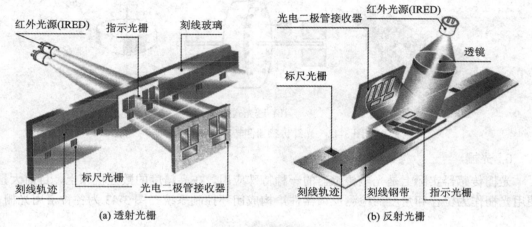

(a) 透射光栅　　　　　　　　　　　　　(b) 反射光栅

图 3-45　光栅结构

透射光栅和反射光栅均由光源、光栅副、光敏元件三大部分组成。光敏元件可以是光敏晶体管，也可以是光电池。光栅副由标尺光栅(主光栅)和指示光栅组成。将指示光栅与标尺光栅平行安装，中间留有很小间隙(0.05 mm 或 0.1 mm)并使两者的栅线保持很小的夹角 θ。在长光栅中，固定标尺光栅，将指示光栅安装在运动部件上，两者之间形成相对运动。

2) 光栅传感器的工作原理

如图 3-46(a)所示，光源发出的光线经过透镜后转变成平行光；再经光栅副后，在两光栅的刻线重合处，光从缝隙透过(以透射光栅为例)，形成亮带，如图 3-46(b)中的 a–a 线所示。在两光栅刻线的错开处，由于相互挡光而形成暗带，如图 3-46(b)中的 b–b 线所示。在亮带和暗带之间，光强变化近似于正弦波变化。

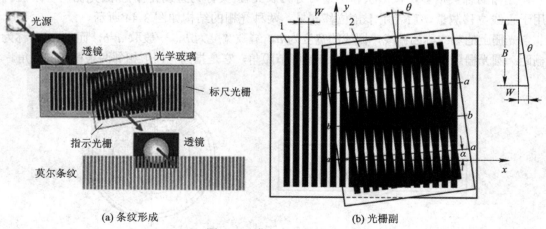

(a) 条纹形成　　　　　　　　　　　　　(b) 光栅副

图 3-46　莫尔条纹的形成
1—指示光栅；　2—标尺光栅

　　这种由亮带和暗带形成的明暗相间的条纹就称为莫尔条纹。条纹的方向与刻线方向近似垂直。

　　当指示光栅沿 x 轴自左向右移动时,莫尔条纹的亮带和暗带(a-a 线和 b-b 线)将顺序自下而上(图中 y 方向)不断掠过光敏元件,并且,光栅每移动一个栅距 W 时,光强变化一个周期,莫尔条纹移动一个莫尔条纹间距 B($B=W/\sin\theta \approx W/\theta$)。这样,光敏元件就能将亮带和暗带的光照强弱处理成高电平和低电平。因此,后继电路只需对这种电脉冲信号进行辨向和计数处理,就可知道指示光栅(即运动部件)的移动方向和位移量了。

　　利用莫尔条纹的位移放大作用和误差平均效应,我们可以使用光栅对肉眼看不见的微位移进行精密测量。

　　3) 光栅的应用

　　光栅传感器在数控设备中用作位置检测装置,是伺服系统中重要的反馈器件。图 3-47 为在丝杠滑台上安装的光栅传感器。在光栅读数头中,安装着一个指示光栅,当光栅读数头相对于标尺光栅移动时,指示光栅便在标尺光栅上移动,读取位置信息。

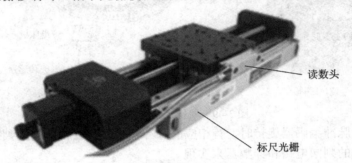

图 3-47　光栅的安装使用

　　光栅是利用光学原理进行工作的,因而不需要复杂的电子系统。它具有测量精度高、抗干扰能力较强等优点。光栅尺的缺点是价格较昂贵,对工作环境要求较高,油污和灰尘会影响它的可靠性。

7. 光电编码器

　　光电编码器又称为光电码盘,是通过光电转换把轴转动或角位移转换成脉冲或数字量的传感器。它通常装在被检测的轴上,随被检测的轴一起旋转。光电编码器主要由光源、编码盘、光电检测装置组成。图 3-48 是光电编码器的内部结构示意。

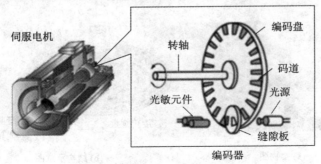

图 3-48　光电编码器结构

　　光电编码器分为增量式和绝对式两大类。增量式光电编码器输出的是脉冲，通过计数输出脉冲数可以测量出相对角位移量；绝对式光电编码器输出的是数字编码，根据其编码可转换得到码盘的当前位置。

　　1) 增量式光电编码器

　　图 3-49 所示为增量式光电编码器。它一般是在旋转透明圆盘上设置一条环带，将环带沿圆周方向分割成若干等份，并将不透明的条纹印刷到上面。把圆盘置于光线的照射下，透过去的光线用一个光传感器进行判读。因为圆盘每转过一定角度，光传感器的输出电压就会在高低值之间交替地进行转换，所以当把这个转换次数用计数器进行统计时，就能够知道圆盘旋转过的角度，根据其转换频率即可以获知转速。

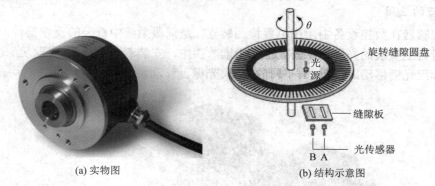

(a) 实物图　　　　　　　　　　(b) 结构示意图

图 3-49　增量式光电编码器

　　增量式光电脉冲编码器旋转时，有相应的脉冲输出，其旋转方向的判别和脉冲数量的增减需借助后部的判向电路和计数器来实现。

　　2) 绝对式光电编码器

　　图 3-50 所示为绝对式光电编码器。它在输入轴的旋转透明圆盘上，设置有同心圆状的环带，对环带上角度实施二进制编码，并将不透明条纹印刷到环带上。绝对式光电编码器旋转时，有与位置一一对应的代码(二进制、BCD 码等)输出，从代码大小的变更，即可判别正反方向和位移所处的位置，而无须判向电路。绝对式编码器有一个绝对零位代码，当停电或关机后，在开机重新测量时，仍可准确地读出停电或关机位置的代码，并准确地找到零位代码。

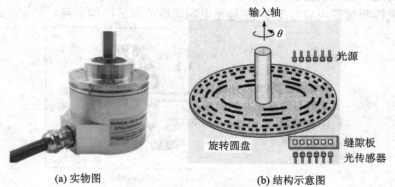

(a) 实物图　　　　　　　　　　(b) 结构示意图

图 3-50　绝对式光电编码器

3) 光电编码器的特点

光电编码器具有高精度、高分辨力、高可靠性及响应速度快等特点，其缺点是抗污染能力差，容易损坏。

要注意的是，增量式光电编码器存在零点累计误差，抗干扰较差，接收设备的停机需断电记忆，开机应找零或参考位等问题，这些问题如选用绝对式光电编码器则可以解决。与增量式光电编码器不同的是，绝对式光电编码器通过读取编码盘上的图案直接将被测角位移用数字代码表示出来，且每一个角度位置均有对应的测量代码，因此这种测量方式即使断电也能测出被测量的当前位置，即具有断电记忆功能。

4) 光电编码器的应用

(1) 位移检测。

编码器间接测量工作台直线位移时，安装位置如图 3-51(a)所示。

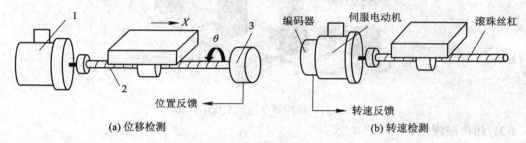

(a) 位移检测　　　　　　　　　　　　　(b) 转速检测

图 3-51　光电编码器的应用

1—伺服电动机；2—丝杠；3—编码器

(2) 转速检测。

光电编码器可代替测速发电机的模拟测速，成为数字测速装置，如图 3-51(b)所示。光电编码器和伺服电机同轴连接，一般为内装式编码器。图 3-52 为编码器常见的两种安装方式。

(a) 外装编码器　　　　　　　　　　(b) 伺服电动机内装编码器

图 3-52　编码器的安装位置

8. 超声波传感器

1) 超声波传感器概述

超声波传感器是利用超声波的特性研制而成的传感器。

声波是一种机械波。人能听见声波的频率为 20 Hz～20 kHz，超出此频率范围的声音，即 20 Hz 以下的声波称为次声波，20 kHz 以上的声波称为超声波。

超声波的特点是指向性好，能量集中，穿透本领大，在遇到两种介质的分界面(例如钢板与空气的交界面)时，能产生明显的反射和折射现象，这一现象类似于光波。超声波碰到活动物体时能产生多普勒效应。

2) 超声波传感器的应用

(1) 固定区域测量。

如图 3-53 所示，空咖啡罐盒经漏斗灌装后，需达到规定的高度才可封装，其检测传感器多使用超声波传感器。

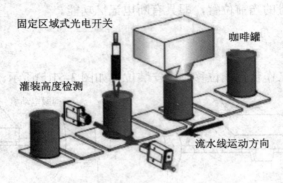

图 3-53　咖啡罐自动流水线示意图

(2) 超声波液位计。

超声波液位计是利用回声的原理进行工作的，如图 3-54 所示。当超声波探头向液面发射短促的超声脉冲，经过时间 t 后，探头接收从液面返回来的回波脉冲。因此，只要知道超声波的传播速度，通过精确测量时间 t，就可以测量距离 L。利用这种方法也可测量料位。

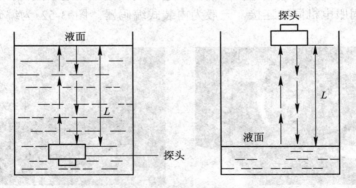

图 3-54　超声波传感器测液位示意简图

超声波的速度在各种不同的液体中是不同的，即使在同一种液体中，由于温度、压力的不同，其值也是不同的。因为液体中其他成分的存在及温度的影响都会使超声波速度发生变化，引起测量的误差，故在精密测量时，要采取补偿措施。

(3) 超声波测距计。

如图 3-55 所示，汽车倒车探头装在后保险杠上，探头以 45° 角辐射，上下左右搜寻目标；倒车雷达显示器装在驾驶台上，它不停地提醒司机车距离后面物体还有多少距离；当到达危险距离时，蜂鸣器就开始鸣叫，让司机停车。数字式显示器安装在驾驶台上，距离直接用数字表示。例如：1.5～0.8 m 为安全区，0.8～0.3 m 为适当区，0.3～0.1 m 为危险区。

图 3-55 超声波测距

利用换能器的压电特性，以电压激发压电片，该压电片随即产生声波并发射出去。当发射出去的声波接触物体时，会反射微弱的能量给换能器，经信号放大处理后传送至微处理器判断换能器与该物体的距离，并由微处理器决定是否驱动蜂鸣器发出警示音。距离大于 80 cm 时不发出警示音；距离为 30～80 cm 时发出第一种警示音；距离小于 30 cm 时发出第二种警示音。

(4) 超声波防盗报警器。

图 3-56 为超声波报警电路，其中，上图为发射部分，下图为接收部分的电原理框图。它们装在同一块线路板上，发射器发射出频率 f =40 kHz 左右的连续超声波。如果有人进入信号的有效区域，相对速度为 v，从人体反射回接收器的超声波将由于多普勒效应，而发生频率偏移 Δf。

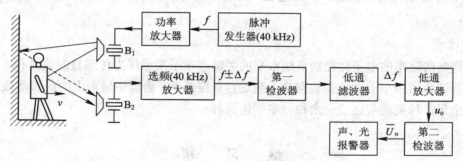

图 3-56 超声波防盗报警器电原理框图

所谓多普勒效应，是指超声波源与传播介质之间存在相对运动时，接收器接收到的频率与超声波波源发射的频率将有所不同。产生的频偏± Δf 与相对速度的大小及方向有关，当高速行驶的火车向你逼近和掠过时，所产生的变调声就是多普勒效应引起的。接收器将收到两个不同频率所组成的差拍信号(40 kHz 以及偏移的频率 40 kHz± Δf)。这些信号由 40 kHz 选频放大器放大，并经检波器检波后，由低通滤波器滤去 40 kHz 信号 ，而留下 Δf 的多普勒信号。此信号经低频放大器放大后，由检波器转换为直流电压，去控制报警喇叭或指示器。

利用多普勒效应可以排除墙壁、家具的影响(它们不会产生±Δf)，只对运动的物体起作用。由于振动和气流也会产生多普勒效应，故该防盗报警器多用于室内。根据本装置的原理，还能运用多普勒效应去测量运动物体的速度，液体、气体的流速，并用于汽车防碰、防追尾等。

9. 传感器的应用及发展

综上所述，传感器作为整个检测系统的前哨，它提取信息的准确与否直接决定着整个检测系统的精度。传感器的应用领域涉及机械制造、工业过程控制、汽车电子产品、通信电子产品、消费电子产品和专用设备等各行各业。目前，传感器正向着高精度、多功能、集成化、智能化方向发展。

1) 专用设备

专用设备主要包括医疗、环保、气象等领域应用的专业电子设备。目前医疗领域是传感器销售量巨大、利润可观的新兴市场，该领域要求传感器件向小型化、低成本和高可靠性方向发展。

2) 工业自动化

工业领域应用的传感器，如工艺控制、工业机械以及传统的各种测量工艺变量(如温度、液位、压力、流量等)的、测量电子特性(电流、电压等)和物理量(运动、速度、负载、强度等)的传感器，以及传统的接近/定位传感器的发展非常迅速。

3) 通信电子产品

手机产量的大幅增长及手机新功能的不断增加给传感器市场带来了机遇与挑战，彩屏手机和摄像手机市场份额不断上升，增加了传感器在该领域的应用比例。此外，应用于集团电话和无绳电话的超声波传感器、应用于磁存储介质的磁场传感器等都将出现强势增长。

4) 汽车工业

现代高级轿车的电子化控制系统水平的关键就在于采用压力传感器的数量和水平。目前一辆普通家用轿车上大约安装有几十到近百只传感器，而豪华轿车上的传感器数量可多达二百余只，种类通常达三十余种，多则达百种。

练 习 题

1. 什么是传感器？它包含哪些组成部分？
2. 传感器的分类方法有哪些？习惯上如何命名传感器？
3. 热电阻传感器有哪几种？各有什么特点？
4. 什么叫热电偶？它的应用原理是什么？请解释这一原理。
5. 金属丝电阻应变片由哪几个部分组成？其应用原理是什么？请解释这一原理。
6. 电涡流传感器应用的是什么原理？请解释这一原理。
7. 霍尔传感器的应用原理是什么？它有哪些应用？
8. 传感型和传光型光纤传感器有什么区别？
9. 简述光栅传感器的工作原理并说明它的用途。

10. 光电编码器的用途是什么？哪一种光电编码器在机器关机后还能记住当前设备的工作位置？请说明原因。

11. 什么是超声波？它有什么特性？

12. 超声波防盗器应用了什么原理？请解释该原理。

13. 日常生活中或机电产品中还有哪些常用传感器及其应用？请作简要说明。

14. 简述传感器的应用前景。

学 习 评 价

根据个人实际填写下表，进行自我学习评价。

学习评价表

序号	主要内容	考 核 要 求	配分	得分
1	传感与检测技术基础知识	1. 能简单描述传感与检测技术的作用； 2. 能说出传感器的组成及各组成部分的作用； 3. 能简单介绍传感器的类型	25	
2	常用传感器及其应用	1. 能正确说出常用传感器； 2. 能基本了解电阻应变式传感器的工作原理及其基本内容，如应变片及测量转换电路等； 3. 能说出热电阻的分类和工作原理，并能举例说明其简单应用； 4. 能说出电阻应变式传感器的常见应用，并能举例简单说明其使用方法； 5. 能说出电涡流传感器的工作原理和运用场合； 6. 能说出霍尔传感器的工作原理和常见应用； 7. 能大致了解光纤与超声波传感器的工作原理、特点及应用等内容； 8. 能说出光栅与光电编码器的种类和常见应用，并能举例且简要说明其工作情况； 9. 能以一产品为例，简单分析其传感器的应用，并大致介绍产品的工作过程； 10. 能大致了解传感器的应用情况，尤其是与所学专业的应用情况	75	
备注			自评 得分	

第 4 章

伺服传动技术

知识目标

(1) 熟悉伺服电动机的主要特点；
(2) 掌握伺服系统的结构和工作原理；
(3) 熟悉伺服系统的控制方式；
(4) 了解伺服电动机常见问题及解决方法。

能力目标

(1) 能识别简单伺服系统的类型；
(2) 能分析典型机电一体化设备中伺服系统的工作过程。

知识导入

匀胶机是在制造半导体电路时用于涂胶的设备。如图 4-1(a)所示，匀胶机在涂胶时，需通过机器上方滴头将胶液滴在平整的基材上后，利用离心力将胶液薄薄地、均匀地在基材表面摊开。工作时需要对工作台的旋转速度进行控制，转速过快时胶液将飞溅出去；相反，如果转速太慢，胶液将无法均匀地涂抹。图 4-1(b)所示为转速过快产生了胶液飞溅的情况，图 4-1(c)所示为转速太慢，胶液无法均匀涂抹的情况。

(a) 匀胶机工作示意图　　　　　(b) 转速过快　　　　　(c) 转速过慢

图 4-1　匀胶机的速度控制

印刷机要能均匀地拉伸拉平纸张，才能防止印刷品表面出现皱褶松弛，保证印刷质量。这需要印刷机对转矩进行控制。如图 4-2(a)所示为转矩控制恰当的情况，图 4-2(b)为转矩控制错误的情况，这会使得印刷品表面出现皱褶松弛，导致印刷失败的结果。

(a) 正确控制   (b) 错误控制

图 4-2　印刷机的转矩控制

物流仓库里的垂直搬运机(如图 4-3 所示)需对位置进行准确控制，这样才能够将物品正确搬运至指定的位置，否则将发生物品不能被仓格吸纳的事故。

图 4-3　垂直搬运机

为了精确控制好物体的速度、转矩、位置，工业上专门研发了"伺服"系统。那什么叫"伺服"系统呢？它是如何工作的？让我们进入下面的学习。

4.1　认识伺服系统

"伺服"(Servo)一词源于希腊语"奴隶"的意思。人们想把"伺服机构"当个得心应手的驯服工具，服从控制信号的要求而动作。在信号来到之前，转子静止不动；信号来到之后，转子立即转动；当信号消失后，转子又能即时自行停转。由于它的"伺服"性能，从而得名伺服。也就是说，伺服的意思就是"伺候服侍"的意思，就是在控制指令的指挥下，控制驱动元件，并使机械系统的运动部件按照指令要求进行运动。

伺服系统(Feed Servo System)，又称随动系统，是使物体的位置、速度、转矩等输出被控量能够跟随输入目标(或给定值)的任意变化而变化的自动控制系统。伺服的主要任务是按控制命令的要求,对功率进行放大、变换与调控等处理,使驱动装置输出的力矩、速度和位置控制变得更加灵活方便。

下面介绍一下伺服系统的结构组成及其分类。

1. 伺服系统的结构组成及分类

机电一体化的伺服控制系统的结构、类型繁多,但从自动控制理论的角度来分析,伺服控制系统一般包括控制器、功率放大器、执行机构、检测装置 4 部分。图 4-4 给出了伺服系统的组成的原理框图。

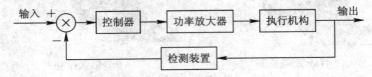

图 4-4　伺服系统的组成

下面对图中各个部分作一简单介绍。

① 控制器:主要任务是根据输入信号和反馈信号,决定控制策略。

② 功率放大器:作用是将信号进行放大,并用来驱动执行机构完成某种操作。

③ 执行机构:作用是根据控制信息和指令完成所要求的动作。其主要有电磁式(交直流伺服电动机、步进电动机等)、气动式和液压式三大类。

④ 检测装置:任务是测量被控制量(即输出量),实现反馈控制。

伺服系统的基本工作原理如下:

位置检测装置将检测到的移动部件的实际位移量进行位置反馈,和位置指令信号进行比较,将两者的差值进行位置调节,并将其变换成速度控制信号,控制驱动装置驱动伺服电动机运动,该运动朝着消除偏差的方向,直到到达指定的目标位置。

图 4-5 为一种伺服系统实际应用的方案。

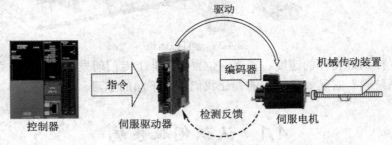

图 4-5　伺服系统工作示意图

下面介绍伺服系统的技术要求。

1) 系统精度

伺服系统精度指的是输出量复现输入信号的精确程度,以误差的形式表现,可概括为动态误差、稳态误差和静态误差三个方面。

2) 稳定性

伺服系统的稳定性是指当作用在系统上的干扰消失以后,系统能够恢复到原来稳定状态的能力；或者当给系统一个新的输入指令后，系统达到新的稳定运行状态的能力。

3) 响应特性

响应特性指的是输出量跟随输入指令变化的反应速度，决定了系统的工作效率。响应速度与许多因素有关，如计算机的运行速度、运动系统的阻尼和质量等。

4) 工作频率

工作频率通常是指系统允许输入信号的频率范围。当工作频率信号输入时，系统能够按技术要求正常工作；而其他频率信号输入时，系统不能正常工作。

2. 伺服系统的发展过程

伺服系统的发展与伺服电动机(Servo Motor)的发展紧密联系，伺服电动机至今已有 60 多年的发展历史，经历了三个主要发展阶段。

第一个发展阶段为 20 世纪 60 年代以前。此阶段是以步进电动机驱动液压伺服马达或以功率步进电动机直接驱动为中心的时代，伺服系统的位置控制为开环系统。

第二个发展阶段为 20 世纪 60~70 年代。这一阶段是直流伺服电动机的诞生和全盛发展的时代，由于直流伺服电动机具有优良的调速性能，很多高性能驱动装置采用了直流伺服电动机，伺服系统的位置控制也由开环系统发展成为闭环系统。在数控机床的应用领域，永磁式直流电动机占统治地位，其控制电路简单，无励磁损耗，低速性能好。

第三个发展阶段为 20 世纪 80 年代至今。这一阶段是以机电一体化时代作为背景的，由于伺服电动机结构及其永磁材料、控制技术的突破性进展，出现了无刷直流伺服电动机(方波驱动)、交流伺服电动机(正弦波驱动)等新型电动机。

伺服电动机又称为执行电动机，在自动控制系统中用作执行元件，把所收到的电信号转换成机械运动(以电动机轴上的角位移或角速度输出)。伺服电动机分为直流伺服电动机和交流伺服电动机两大类。交流伺服要好一些，因为是由正弦波控制的，转矩脉动小，但直流伺服比较简单和便宜。

通常伺服电动机应符合如下基本要求：

(1) 具有宽广而平滑的调速范围；

(2) 具有较硬的机械特性和良好的调节特性；

(3) 具有快速响应特性；

(4) 空载始动电压较小。

下面对常用伺服电动机作一个简单介绍。

1) 直流伺服电动机

直流伺服电动机主要种类如下，其实物与结构如图 4-6 所示。

① 永磁直流伺服电动机。

② 无槽电枢直流伺服电动机。

③ 空心杯电枢直流伺服电动机。

④ 印刷绕组直流伺服电动机。

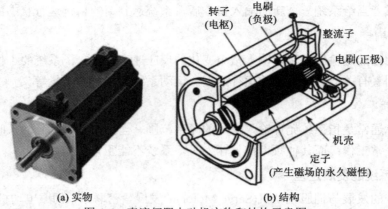

(a) 实物　　　　　　　　　　(b) 结构

图 4-6　直流伺服电动机实物和结构示意图

直流伺服电动机主要由磁极、电枢导体、电刷及换向片组成，其工作原理如图 4-7 所示。

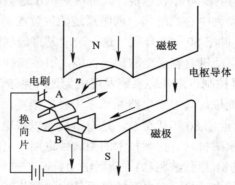

图 4-7　直流伺服电动机的工作原理

直流伺服电动机具有良好的调速特性，较大的启动转矩和相对功率，易于控制及响应快等优点。其缺点是结构复杂，成本较高。在机电一体化控制系统中直流伺服电动机仍具有一定的应用。

2) 交流伺服电动机

交流伺服电动机主要有如下两种，其实物与结构如图 4-8 所示。

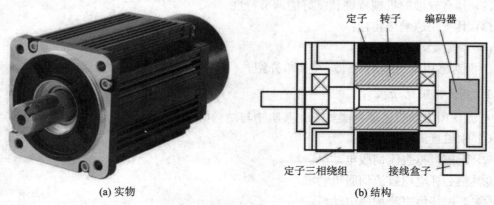

(a) 实物　　　　　　　　　　(b) 结构

图 4-8　交流伺服电动机实物和结构示意图

① 永磁同步伺服电动机。

② 两相异步交流伺服电动机。

与直流伺服电动机比较，交流伺服电动机不需要电刷和换向器，因而维护方便且对环境无要求；此外，交流伺服电动机还具有转动惯量较小、体积较小、重量较轻、结构简单、价格便宜等优点；尤其是交流伺服电动机调速技术的快速发展，使它得到了更广泛的应用。因此，在伺服系统设计时，除某些操作特别频繁或交流伺服电动机在发热和启动、制动状态特性不能满足要求时必须选择直流伺服电动机外，一般尽量考虑选择交流伺服电动机。交流伺服电动机的缺点是转矩特性和调节特性的线性度不及直流伺服电动机好；其效率也比直流伺服电动机低。

3) 步进电动机

步进电动机顾名思义就是一步一步走的电动机。所谓"走"，就是一个脉冲信号控制下转动的角度。一般每步为1.8°，若要转一圈(360°)，则需要 200 步才能完成。步进电动机外形如图 4-9 所示。

图 4-9　步进电动机

步进电动机主要有如下 3 类：

① 反应式步进电动机。

② 永磁式步进电动机。

③ 永磁感应式步进电动机。

步进电动机又称电脉冲马达，是通过脉冲数量决定转角位移的一种伺服电动机。由于步进电动机成本较低，易于采用计算机控制，因而被广泛应用于开环控制的伺服系统中。步进电动机比直流电动机或交流电动机组成的开环控制系统精度高，适用于精度要求高的机电一体化伺服传动系统。目前，一般数控机械和普通机床的微机改造中大多数均采用开环步进电动机控制系统。

3. 伺服电动机控制技术

伺服电动机的控制信号通过驱动电路转换为功率信号。驱动电路是为电动机提供电能的控制装置，也称其为变流器，它包括电压、电流、频率、波形和相数的变换。变流器主要由功率开关器件、电感、电容和保护电路组成。开关器件的特性决定了电路的功率、响应速度、频带宽度、可靠性和功率损耗等指标。

近年来，伺服电动机控制技术正朝着交流化、数字化、智能化三个方向发展。作为数控机床的执行机构，伺服系统将电力电子器件、控制电路、驱动电路及保护电路等集为一体，并随着数字脉宽调制技术、特种电动机材料技术、微电子技术及现代控制技术的进步，经历了从步进到直流，进而到交流的发展历程。图 4-10 所示为电气供应商提供的伺服驱动套件(伺服驱动器和伺服电机)。

图 4-10　伺服驱动套件

4.2　认识伺服控制系统

1. 直流伺服控制系统

采用直流伺服电动机作为执行元件的伺服控制系统，称为直流伺服系统。

直流伺服电动机具有良好的调速特性、较大的启动转矩和相对功率、易于控制及响应速度快等优点。尽管其结构复杂，成本较高，但在机电一体化控制系统中仍具有较广泛的应用。

1) 直流伺服电动机的驱动控制方式

直流伺服电动机为直流供电，为调节电动机转速和方向，需要对其直流电压的大小和方向进行驱动控制。目前常采用可控硅变流技术直流调速驱动和晶体管脉宽调制驱动两种方式。

按变流技术的功能应用，变流器可分成下列几种类型：
- 整流器——把交流电变为固定的(或可调的)直流电。
- 逆变器——把固定的直流电变成固定的(或可调的)交流电。
- 斩波器——把固定的直流电压变成可调的直流电压。
- 交流调压器——把固定的交流电压变成可调的交流电压。
- 周波变流器——把固定的交流电压和频率变成可调的交流电压和频率。

包括可控硅(晶闸管)在内的电力电子器件是变流技术的核心。传统的开关器件有晶闸管(SCR)、电力晶体管(GTR)、可关断晶闸管(GTO)、电力场效应晶体管(MOSFET)等。近年来，随着半导体制造技术和变流技术的发展，相继出现了绝缘栅极双极型晶体管(IGBT)、场控晶闸管(MCT)等新型电力电子器件。随着电力电子器件的发展，变流技术得到了突飞猛进的发展，直流电动机的调速装置和种类不断增加，性能不断完善。

2) 常用直流伺服电动机的驱动系统

直流伺服电动机的驱动控制一般采用脉冲调制法(Pulse Width Modulation，PWM)，简称脉宽调制，PWM 是通过改变输出方波的占空比来改变等效的输出电压。通过这种直接调压来控制直流伺服电动机速度的方法，称为 PWM 直流调速。PWM 方式广泛地用于电动机调速和阀门控制，比如现在的电动车电动机调速就是使用这种方式。

采用晶体管脉宽调制驱动系统，其开关频率高(通常达 2000～3000 Hz)，伺服机构能够响应的频带范围也较宽，与可控硅相比其输出电流脉动非常小，接近于纯直流。

脉宽调制(PWM)直流调速驱动系统原理如式(4-1)所示，电机电枢两端的平均电压为

$$U_d = \frac{1}{T}\int_0^\tau \mathrm{d}t = \frac{\tau}{T}U = \mu U \tag{4-1}$$

式中 μ 为导通率，又称占空比或占空系数。

(1) PWM 变换器基本原理。

脉宽调制(PWM)型功率放大电路的基本原理是：利用大功率电器的开关作用，将直流电压转换成一定频率的方波电压，通过对方波脉冲宽度的控制，改变输出电压的平均值。

如图 4-11 所示，控制开关 S 的开断周期，加在电机电枢上的脉冲信号就会形成不同频率的方波脉冲。U_{d1}，U_{d2} 分别是在开关 S 两种不同开断周期下输出在电机电枢上的电压平均值。

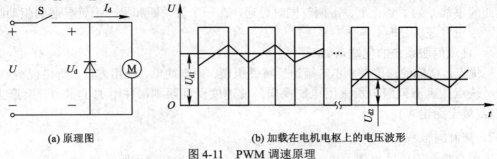

(a) 原理图   (b) 加载在电机电枢上的电压波形

图 4-11 PWM 调速原理

(2) PWM 变换器。

图 4-12 是一种可用于直流调速的双极式 PWM 变换器。

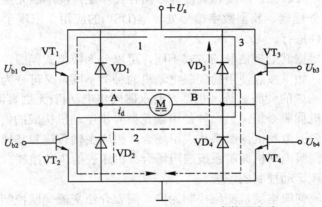

图 4-12 双极式 H 形可逆 PWM 变换器电路

电枢两端电压 U_{AB} 的波形如图 4-13 所示。

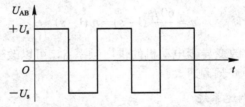

图 4-13 加载在电机电枢上的电压波形

只需控制 U_{AB} 正负脉冲的宽度，就可实现电动机正反转的控制。

① 双极式 PWM 变换器的优缺点如下：

• 优点：

a. 电流连续；

b. 可使电动机在四个象限中运行；

c. 电动机停止时，有微振电流，能消除摩擦死区；

d. 低速时，每个晶体管的驱动脉冲仍较宽，有利于晶体管可靠导通；

e. 低速时平稳性好，调速范围宽。

- 缺点：

在工作过程中，4 个功率晶体管都处于开关状态，开关损耗大，且容易发生上、下两管直通的事故。为了防止上、下两管同时导通，在一个管关断和另一个管导通的驱动脉冲之间，应设置逻辑延时。

② 直流伺服系统的优缺点如下：

- 优点：精确的速度控制；转矩速度特性很硬；原理简单、使用方便；价格优势明显。
- 缺点：直流伺服电机采用电刷换向，使速度受到限制，并附加了阻力，会产生磨损微粒(对于无尘室)。

2. 交流伺服系统

采用交流伺服电动机作为执行元件的伺服系统，称为交流伺服系统。

到 20 世纪 80 年代中后期，整个伺服装置市场都转向了交流系统。早期的模拟系统在诸如零漂、抗干扰、可靠性、精度和柔性等方面存在不足，尚不能完全满足运动控制的要求，近年来随着微处理器、新型数字信号处理器(DSP)的应用，出现了数字控制系统，控制部分可完全由软件进行。

交流伺服系统根据其处理信号的方式不同，可以分为模拟式伺服、数字模拟混合式伺服和全数字式伺服；如果按照使用的伺服电动机的种类不同，又可分为两种：一种是用永磁同步伺服电动机构成的伺服系统，包括方波永磁同步电动机(无刷直流机)伺服系统和正弦波永磁同步电动机伺服系统；另一种是用鼠笼型异步电动机构成的伺服系统。

- 异步型交流伺服电动机伺服系统应用场合：机床主轴转速和其他调速系统；
- 同步型交流伺服电动机伺服系统应用场合：机床进给传动控制、工业机器人关节传动和其他需要位置和运动控制的场合。

下面以异步交流伺服电动机变频控制为例，简要介绍交流伺服控制系统。

1) 异步交流电动机变频调速的基本原理

异步电动机的转速方程见式(4-2)。

$$n = \frac{60 f_1}{p}(1-s) = n_1(1-s) \tag{4-2}$$

由式(4-2)可以看出：改变异步电动机的供电频率 f_1，可以改变其同步转速 n_1，实现调速运行，这个过程也称为变频调速。

2) 异步电动机变频调速系统

在异步电动机调速系统中，调速性能最好、应用最广的系统是变压变频调速系统。在这种系统中，要调节电动机的转速，须同时调节定子供电电源的电压和频率，使机械特性平滑地上下移动，并获得很高的运行效率。但是，这种系统需要一台专用的变压变频电源，增加了系统的成本。近年来，由于交流调速日益普及，对变压变频器的需求量不断增长，加上市场竞争的因素，其售价逐渐走低，使得变压变频调速系统的应用与日俱增。这里主要介绍正弦脉宽调制 SPWM (Sinusoidal PWM)变频器。

所谓 SPWM，就是在 PWM 的基础上改变了调制脉冲方式，脉冲宽度时间占空比按正弦规律排列，这样输出波形经过适当的滤波可以做到正弦波输出。SPWM 广泛地用于直流交流逆变器等,比如高级一些的 UPS 就是一个例子。图 4-14 所示 SPWM,其原理是用 PWM 脉冲波来等效正弦波。

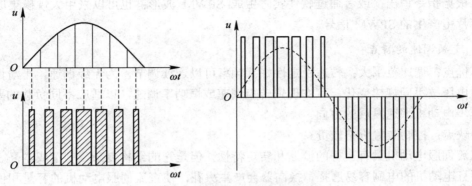

图 4-14 SPWM 原理示意图

三相 SPWM 是使用 SPWM 模拟市电的三相输出,在变频器领域被广泛采用。图 4-15(a) 是 SPWM 变压变频器的模拟控制电路框图。三相对称的参考正弦电压调制信号 u_{ra}、u_{rb}、u_{rc} 由参考信号发生器提供,其频率和幅值都可调。三角载波信号 u_t 由三角波发生器提供,各相共用。它分别与每相调制信号进行比较,给出“正”的饱和输出或零输出,产生 SPWM 脉冲波序列 u_{da}、u_{db}、u_{dc},作为变压变频器功率开关器件的驱动信号。图 4-15(b) 是 SPWM 变压变频器的主电路框图。

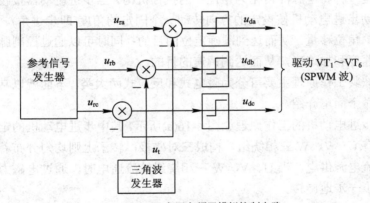

(a) SPWM 变压变频器模拟控制电路

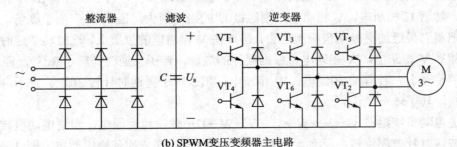

(b) SPWM变压变频器主电路

图 4-15 SPWM 变压变频器电路原理框图

SPWM 的模拟控制现在已很少应用，但它的原理仍是其他控制方法的基础。目前常用的 SPWM 控制方法是数字控制。可以采用微机存储预先计算好的 SPWM 波形数据表格，控制时根据指令调出；或者通过软件实时生成 SPWM 波形；也可以采用大规模集成电路专用芯片中产生的 SPWM 信号。

3) 变频调速的特点

• 优点：调速范围大；转速稳定性好；频率可以连续调节，为无级调速，平滑性好，变频时电压按不同规律变化，可实现恒转矩调速或恒功率调速，以适应不同负载的要求。这是异步电动机调速发展的方向。

• 缺点：控制装置价格较贵。

直流伺服电动机具有良好的调速和转矩特性，但是它的结构复杂、制造成本高、体积大，而且电动机的电刷容易磨损，换向器会产生火花，使直流伺服电动机的容量和使用场合受到限制。交流伺服电动机没有电刷和换向器等结构上的缺点；随着新型功率开关器件、专用集成电路、计算机技术和控制算法等的发展，使得交流伺服驱动系统的调速特性不仅能媲美直流伺服系统，而且进一步降低了交流伺服驱动器的制造成本，因此交流伺服系统大有取代直流伺服系统之势。

3. 步进电动机控制系统

1) 步进电动机的结构与工作原理

步进电动机是一种将电脉冲转化为角位移的执行机构。当步进驱动器接收到一个脉冲信号后，它就驱动步进电动机按设定的方向转动一个固定的角度(即步进角)。可以通过控制脉冲个数来控制角位移量，从而达到准确定位的目的；同时可以通过控制脉冲频率来控制电动机转动的速度和加速度，从而达到调速的目的。

步进电动机按其工作原理主要可分为磁电式和反应式两大类，下面就以常用的反应式步进电动机为例做个简单介绍。

三相反应式步进电动机的工作原理如图 4-16(a)所示，其中步进电动机的定子上有 6 个齿，其上分别缠有 U、V、W 三相绕组，构成三对磁极；转子上则均匀分布着 4 个齿。步进电动机采用直流电源供电。当 U、V、W 三相绕组轮流通电时，通过电磁力的吸引，步进电动机转子一步一步地旋转。

假设 U 相绕组首先通电，则转子上、下两齿被磁场吸住，转子就停留在 U 相通电的位置上。然后 U 相断电，V 相通电，则磁极 U 的磁场消失，磁极 V 产生了磁场，磁极 V 的磁场把离它最近的另外两齿吸引过去，停止在 V 相通电的位置上，这时转子逆时针转了 30°。随后 V 相断电，W 相通电，根据同样的道理，转子又逆时针转了 30°，停止在 W 相通电的位置上。若再 U 相通电，W 相断电，那么转子再逆时针转 30°。定子各相轮流通电一次，转子转一个齿。

步进电动机绕组按 U→V→W→U→V→W→U…依次轮流通电，步进电动机转子就一步步地按逆时针方向旋转。反之，如果步进电动机按倒序依次使绕组通电，即 U→W→V→U→W→V→U…则步进电动机将按顺时针方向旋转。

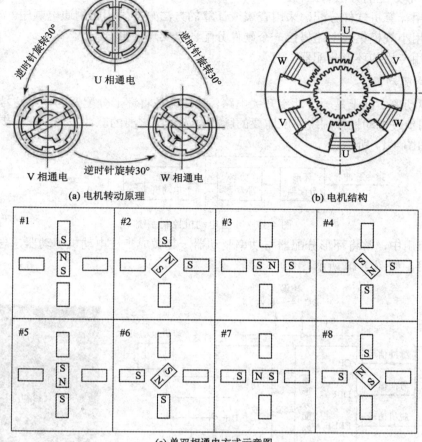

(a) 电机转动原理 (b) 电机结构

(c) 单双相通电方式示意图

图 4-16 步进电动机工作原理图

步进电动机绕组每次通断电使转子转过的角度称之为步距角。上述分析中的步进电动机的步距角为30°。对于一个真实的步进电动机，为了减少每通电一次的转角，在转子和定子上开有很多定分的小齿。其中定子的三相绕组铁芯间有一定角度的齿差，当 U 相定子小齿与转子小齿对正时，V 相和 W 相定子上的小齿则处于错开状态，如图 4-16(b)所示。真实步进电动机的工作原理与上同，只是步距角是小齿距夹角的 1/3。图 4-16(c)为步进电动机单双相通电工作方式示意图。

步进电动机一般用于开环伺服系统，由于没有位置反馈环节，故位置控制的精度由步进电动机和进给丝杠等来决定。步进电动机虽档次低，但是结构简单、价格较低，在要求不高的场合仍有广泛应用。在数控机床领域中大功率的步进电动机一般用在进给运动(工作台)控制上，但是就控制性能来说其特性不如交流伺服电动机，其振动、噪声也比较大。尤其是在过载情况下，步进电动机会产生失步，严重影响加工精度，但因其便宜的价格，方便使用的特点，在工业中仍得到广泛的应用。

2) 环形分配器

步进电动机的各绕组必须按一定的顺序通电才能正确工作，这种使电动机绕组的通电顺序按输入脉冲的控制而循环变化的装置称为脉冲分配器，又称为环形分配器。

实现环形分配的方法有三种：

① 采用计算机软件分配，采用查表或计算的方法来产生相应的通电顺序。

② 采用小规模集成电路搭接一个硬件分配器来实现环形分配。

③ 采用专用的环形分配器。

3) 功率驱动器

功率驱动器实际上是一个功率开关电路，其功能是将环形分配器的输出信号进行功率放大，得到步进电动机控制绕组所需要的脉冲电流及所需要的脉冲波形。开环步进电动机控制系统如图 4-17 所示。

图 4-17　步进电动机控制系统

实际应用中，常将环形分配器与功率驱动器一起做成步进电动机驱动器，与步进电动机配套使用，如图 4-18 所示。

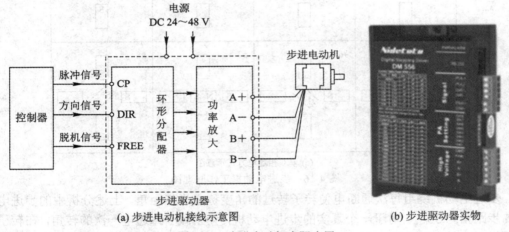

(a) 步进电动机接线示意图　　　　　　　(b) 步进驱动器实物

图 4-18　步进电动机实际应用

4. 伺服系统的控制方式

伺服控制系统按驱动元件不同可分为电气伺服系统、液压伺服系统、气动伺服系统和电液伺服系统，前文介绍的直流伺服系统、交流伺服系统、步进电动机控制系统就是常见的三种电气伺服系统。

伺服系统按工作原理的不同，可分为开环控制伺服系统、闭环控制伺服系统、半闭环控制伺服系统，分别对应开环控制、闭环控制、半闭环控制三种控制方式。

1) 开环控制伺服系统

开环控制伺服系统大多数采用步进电动机作为驱动元件且没有位置检测装置，即没有位置反馈的系统，如图 4-19 所示。控制系统发出的脉冲指令信号经驱动电路控制和功率放大后，使步进电动机转动，通过齿轮和丝杠来带动工作台作往复直线运动，系统对工作台的实际位移量不进行检测。控制系统每发出一个脉冲指令，步进电动机就转动一定的角度，相应的工作台就移动一个距离，所以控制系统发出的脉冲数目就决定了工作台移动的距离，脉冲频率则决定了工作台移动的速度。

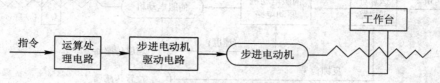

图 4-19　开环控制伺服系统简图

机电一体化系统的定位精度与控制方式有关。开环控制伺服系统由于没有检测反馈，其位移精度主要取决于步进电动机和传动元件的累积误差。有了误差也不能自动纠正。因此，开环控制系统的定位精度较低，一般约为 ±0.01～±0.03 mm。另外，由于步进电动机性能的限制，开环控制系统的进给速度也受到一定的限制。开环控制系统的结构简单，成本低，调整和维修比较方便，工作可靠，但精度较低，低速运行时不够平稳，高速运行时扭矩小且容易失步，故主要用于精度、速度要求不高的场合，如简易数控机械、小型工作台、线切割和绘图仪等。

2) 闭环控制伺服系统

闭环控制伺服系统是有位置反馈的系统，如图 4-20 所示。通过安装在工作台上的位置传感器，将直线位移量变换成反馈电信号，并与位置控制器中的数值相比较，将所得到的偏差值进行放大，再由直流伺服电动机或交流伺服电动机驱动工作台向减少偏差的方向不断移动，直到偏差值等于零为止。由于闭环控制系统的反馈信号取自工作台的实际位移量，因而系统传动链的误差、环内各元件的误差以及运动中造成的误差都可以得到补偿，闭环控制系统可以得到很高的精度和速度，其定位精度可达±0.001～±0.003 mm。

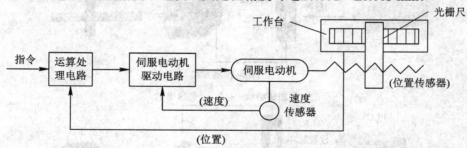

图 4-20　闭环控制伺服系统简图

在闭环控制系统中包括了很多机械传动元件，其刚度、传动间隙和摩擦阻尼特性都是变化的，时常成为系统不稳定的因素，从而增加了系统设计和调试的难度。故闭环控制系统主要用于精度和速度较高以及大型的机电一体化设备中。

3) 半闭环控制伺服系统

半闭环控制伺服系统是从传动链中间部分取出反馈信号的系统，如图 4-21 所示。其位置传感器不是安装在工作台上，而是安装在伺服电动机的轴上，用以精确控制伺服电动机的角位移量，然后通过丝杠等传动机构，将角位移量转换成工作台的直线位移量。这样系统由电动机输出轴至工作台之间的误差就没有得到补偿，即在半闭环控制系统中只能补偿系统传动链部分误差，其定位精度比闭环控制系统稍差，一般可达±0.005～±0.01 mm。

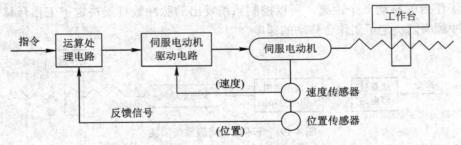

图 4-21　半闭环控制伺服系统简图

半闭环控制伺服系统的稳定性比闭环控制系统要好，且结构简单，调整和维护也比较容易，被广泛用于各种机电一体化设备中。

图 4-22 为工业生产中使用的伺服定位控制的应用案例。

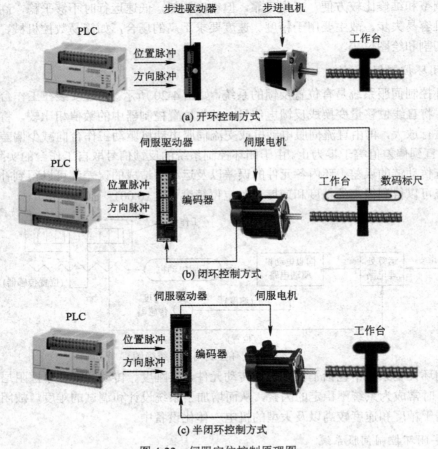

(a) 开环控制方式

(b) 闭环控制方式

(c) 半闭环控制方式

图 4-22　伺服定位控制原理图

4.3　认识电液伺服系统

自动控制系统中将输出量以一定准确度跟随输入量变化而变化的系统称为伺服系统，

稳定性好、精度高、响应快是对它的基本要求。液压传动技术作为一项十分重要的传动技术在工业领域获得广泛的应用。近代液压技术与微电子技术密切结合，使得电液伺服技术得到迅速发展。电液伺服系统(Electrohydraulic Servo System)是一种由电信号处理装置和液压动力机构组成的反馈控制系统。最常见的有电液位置伺服系统、电液速度控制系统和电液力(或力矩)控制系统。

1. 液压与气动技术

液压传动与气压传动统称为流体传动，它们都是利用有压流体(液体或气体)作为工作介质来传递动力或控制信号的一种传动方式，是实现各种生产控制、自动控制的重要手段之一。

不论液压传动还是气压传动，相对于机械传动来说，都是一门新兴的技术。从 17 世纪中叶，帕斯卡提出静压传递原理、18 世纪末英国制成第一台水压机开始算起，液压传动有二三百年的历史，目前其在机床、工程机械、农业机械、运输机械、冶金机械等许多机械装置特别是重型机械设备中得到非常广泛的应用，并渗透到工业的其他各个领域中，成为工业领域中一门非常重要的控制和传动技术。图 4-23 所示手动行走式电瓶液压叉车就采用了液压传动技术。

气动技术由风动技术和液压技术演变、发展而来，作为一门独立的技术门类至今约有 50 年。气压传动采用空气进行操作，环境污染小、工程实现容易，在自动化领域中充分显示出强大的生命力和广阔的发展前景。目前气动技术在机械、电子、钢铁、运输车辆、橡胶、纺织、轻工、化工、食品、包装、印刷、烟草等各个制造行业，尤其在各种自动化生产装备和生产线中得到了非常广泛的应用，成为当今应用最广、发展最快，也最易被接受和重视的技术之一。图 4-24 所示皮带压花机就采用了气动技术。

图 4-23　手动行走式电瓶液压叉车

图 4-24　气动皮带压花机

2. 气、液压传动工作原理

如图 4-25(a)所示为手动行走式电瓶液压叉车控制系统回路图，此机械用于代替人力搬运货物。系统由直流电机驱动液压泵 1，为液压系统提供动力，2 为液压缸，溢流阀 5 用来调整系统的最高工作压力；二位二通电磁换向阀 3 用来控制液压缸的升降；调速阀 4 用于控制液压缸的下降速度。该叉车液压缸为单作用液压缸。

图 4-25(b)为该系统的工作原理图。齿轮泵作为该液压系统动力元件,将机械能转换为液压能,为液压系统提供动力;经过控制元件的控制,如流量阀控制液压缸下降速度,压力阀(溢流阀)控制系统最高压力,方向阀(二位二通手动换向阀及单向阀)控制油液流动方向;最后将可控的液压能传递给执行元件液压缸,液压缸将液压能转换为直线运动机械能(上、下运动)并对外做功。

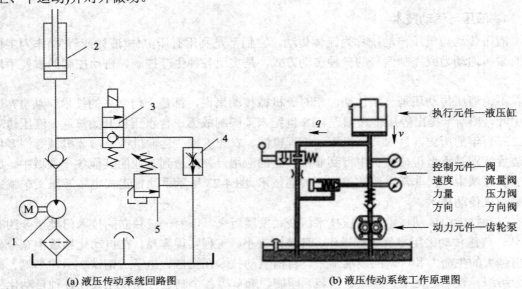

(a) 液压传动系统回路图   (b) 液压传动系统工作原理图

图 4-25　手动行走式电瓶液压叉车控制系统

1—液压泵;2—液压缸;3—二位二通电磁换向阀;4—调速阀;5—溢流阀

如图 4-26(a)所示为皮带压花机的结构图,图 4-26(b)所示为皮带压花机气动控制系统回路图。从图 4-26 可看出,空气调节处理元件用于对压缩空气进行过滤、减压和注入润滑油雾,按钮 S1、S2 信号经梭阀处理后控制主控换向阀切换到左位,使冲压气缸伸出,利用冲压气缸传递冲击力在皮带上压花。该冲压气缸是双作用气缸。气动系统必须具备气源、控制元件、执行元件、空气调节处理元件和辅助装置。

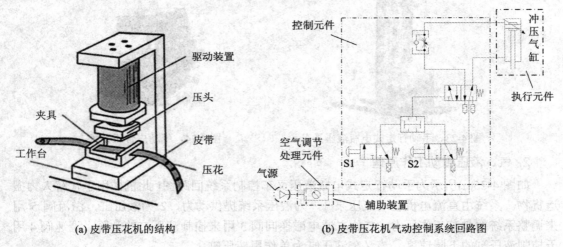

(a) 皮带压花机的结构   (b) 皮带压花机气动控制系统回路图

图 4-26　皮带压花机控制系统

3. 液压系统和气动系统的组成

液压传动与气压传动的基本工作原理非常相似，图 4-27 和图 4-28 分别为液压系统和气动系统装置实物图。在气、液传动系统中，执行元件在控制元件的控制下将传动介质(压缩空气或液压油)的压力能转换为机械能，从而实现对执行机构运动的控制。因此一个完整的气动或液压系统都主要由以下所述几部分构成。

图 4-27　液压系统装置实物　　　　　　　图 4-28　气动系统装置实物

(1) 能源部件：把机械能转换成空气或液压油的压力能的装置。

(2) 控制元件：对气压和液压系统中的压力、流量和流动方向进行控制和调节的元件。

(3) 执行元件：把空气或液压油的压力能转换成机械能的装置。

(4) 辅助装置：除以上三种装置以外的其他装置，如各种管接头、过滤器、压力表等。它们起着连接、储存、过滤和测量等辅助作用，对保证气动和液压系统可靠、稳定、持久的工作有着重大的作用。

下面对这四个部分进行简单介绍。

1) 能源部件

能源部件主要是指空气压缩机和液压泵，如图 4-29 所示。

(a) 空气压缩机　　　　　　　　　　(b) 液压泵

图 4-29　空气压缩机和液压泵结构示意图

2) 控制元件

控制元件主要指方向控制阀、流量控制阀和压力控制阀。

方向控制阀用于控制执行元件的运动方向；流量控制阀用于控制执行元件的运动速度；压力控制阀用于控制执行元件输出力的大小。图 4-30、4-31 分别是方向控制阀的结构示意图和实物图。

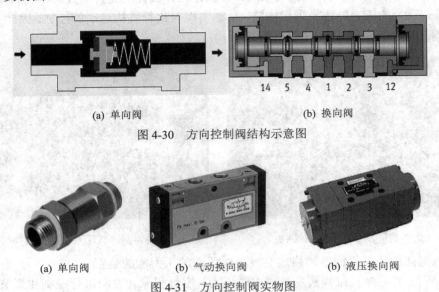

(a) 单向阀　　　　　　　　　　　(b) 换向阀

图 4-30　方向控制阀结构示意图

(a) 单向阀　　　(b) 气动换向阀　　　(b) 液压换向阀

图 4-31　方向控制阀实物图

3) 执行元件

执行元件主要包括气(液压)缸和气(液压)马达两大类。气(液压)缸主要指的是输出直线运动或输出摆动运动的执行元件，气(液压)马达则是指输出旋转运动的执行元件。图 4-32 是气缸和液压缸，图 4-33 是气动马达和液压马达。

(a) 双作用气缸　　　　　　　　(b) 双作用液压缸

图 4-32　气缸和液压缸实物图

(a) 气动马达　　　　　　　(b) 液压马达

图 4-33　气动马达和液压马达实物图

4) 辅助装置

液压系统辅助装置(也称辅助部件)是指油箱、油管、管接头、密封件、过滤器、各种仪表等。它们用于输送液体、存储液体、对液体进行过滤、监控或测量液体的压力和流量等，以确保系统的正常工作和运行。图 4-34 为液压系统辅助部件实物。

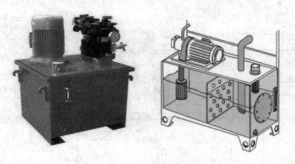

(a) 液压油箱　　　　　　　　　　　(b) 液压油管和压力表

图 4-34　液压系统辅助部件

气动系统辅助部件是指各种过滤器、油雾器、消声器、散热器、管路附件、传感器、各种仪表等。它们使压缩空气净化、润滑、输送及消除噪声等，以确保系统的正常工作和运行。图 4-35 为气动系统辅助元件实物。

(a) 气动三联件　　　　　　　　　　(b) 气管

图 4-35　气动系统辅助元件

4. 电液伺服控制系统

电液伺服控制系统是以液压为动力，采用电气方式实现信号传输和控制的机械量自动控制系统。按系统被控机械量的不同，它又可以分为电液位置伺服系统、电液速度伺服控制系统和电液力控制系统三种。下面就以电液位置伺服控制系统为例，简要介绍一下电液伺服系统的组成和原理。

电液位置伺服控制系统适合于负载惯性大的高速、大功率对象的控制，它已在飞行器的姿态控制、飞机发动机的转速控制、雷达天线的方位控制、机器人关节控制、带材跑偏控制、张力控制、材料试验机和加载装置等中得到应用。

1) 电液伺服系统原理

如图 4-36 所示是一个典型的电液位置伺服控制系统。图中反馈电位器与指令电位器接成桥式电路。反馈电位器滑臂与控制对象相连，其作用是把控制对象位置的变化转换成电压的变化。反馈电位器与指令电位器滑臂间的电位差(反映控制对象位置与指令位置的偏差)经放大器放大后，加于电液伺服阀转换为液压信号，以推动液压缸活塞，驱动控制对象向消除偏差方向运动。当偏差为零时，停止驱动，因而使控制对象的位置总是按指令电位器给定的规律变化。

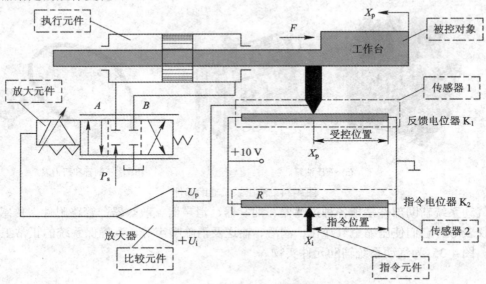

图 4-36　典型的电液位置伺服控制系统

2) 电液伺服系统的组成和主要器件

电液伺服系统中常用的位置检测元件有自整角机、旋转变压器、感应同步器和差动变压器等。伺服放大器为伺服阀提供所需要的驱动电流。电液伺服阀的作用是将小功率的电信号转换为阀的运动，以控制流向液压动力机构的流量和压力。因此，电液伺服阀既是电液转换元件又是功率放大元件，它的性能对系统的特性影响很大，是电液伺服系统中的关键元件。

液压动力机构由液压控制元件、执行机构和控制对象组成。液压控制元件常采用液压控制阀或伺服变量泵。常用的液压执行机构有液压缸和液压马达。液压动力机构的动态特性在很大程度上决定了电液伺服系统的性能。

电液伺服系统主要由电信号处理部分和液压的功率输出部分组成。

电液伺服控制系统不管多么复杂，都是由以下一些基本元件组成的，如图 4-37 所示。

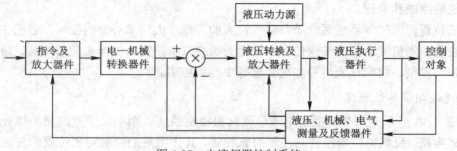

图 4-37　电液伺服控制系统

① 输入元件：也称指令元件，它给出输入信号(指令信号)加于系统的输入端。该元件可以是机械、电气、气动等装置，如靠模、指令电位器或计算机等。

② 反馈测量元件：测量系统的输出并转换为反馈信号。这类元件也有多种形式，各种传感器常作为反馈测量元件。

③ 比较元件：将反馈信号与输入信号进行比较，给出偏差信号。

④ 放大元件：将偏差信号放大、转换成液压信号(流量或压力)，如伺服放大器、机液伺服阀、电液伺服阀等。

⑤ 执行元件：产生调节动作加于控制对象上，实现调节任务，如液压缸和液压马达等。

⑥ 控制对象：被控制的机器设备或物体，即负载。

⑦ 其他：各种校正装置，以及不包含在控制回路内的液压能源装置。

为改善系统性能，电液伺服系统常采用串联滞后校正来提高低频增益，降低系统的稳态误差。此外，采用加速度或压力负反馈校正则是提高阻尼性能而又不降低效率的有效办法。

综上所述可以看到，电液伺服系统有许多优点，其中最突出的就是响应速度快、输出功率大、控制精确性高，因而在航空、航天、军事、冶金、交通、工程机械等领域得到了广泛的应用。人类使用水利机械及液压传动虽然已有很长的历史，但液压控制技术的快速发展却还是近几十年的事，随着电液伺服阀的诞生，使液压伺服技术进入了电液伺服时代，其应用领域也得到广泛的扩展。

练 习 题

1. 什么是伺服控制？为什么机电一体化系统的运动控制往往是伺服控制？

2. 什么叫伺服系统？请绘出伺服系统的原理方框图。

3. 简述伺服系统发展三个阶段的特点。

4. 什么叫伺服电机？什么叫步进电机？

5. 直流伺服电机的结构组成和工作原理是什么？

6. 简述伺服电动机的分类和特点。

7. 什么叫变流器？请举例说明。

8. 直流伺服驱动常采用哪两种驱动方式？

9. 请解释什么叫 PWM 调速。

10. 什么叫变频调速？请解释 SPWM 变频器的工作原理。

11. 简述伺服系统的发展趋势。

12. 步进电动机的结构及工作原理是什么？它通常应用在何种工作场合？

13. 什么叫步距角？什么叫步进电机的单双相通电方式？

14. 伺服系统的控制方式有哪几种？哪种控制方式一般采用步进电机作执行元件？

15. 液压缸和空压机分属于什么系统的哪类部件？它们的作用是什么？

16. 什么是电液伺服系统？它的基本组成元件是什么？

学 习 评 价

根据个人实际填写下表，进行自我学习评价。

学习评价表

序号	主要内容	考 核 要 求	配分	得分
1	直流伺服系统	1. 能说出直流伺服系统的各组成环节及其工作原理； 2. 能简单讲述 PWM 功率放大器的基本原理； 3. 可以说出双极式 PWM 变换器的特点； 4. 知晓直流伺服系统的稳态误差及减小方法，知晓直流伺服系统的动态校正方法	20	
2	交流伺服系统	1. 能回答交流伺服系统的分类及应用场合； 2. 能说出异步交流电动机变频调速的基本原理及特性； 3. 可以简单讲述变频调速系统结构及工作原理	30	
3	步进电动机控制系统	1. 能熟练说出步进电动机的结构、工作原理及使用特性； 2. 看得懂环行分配器的概念及实现环形分配的方法； 3. 能回答步进电动机控制系统的组成和优缺点； 4. 知道步进电机控制系统用于哪种伺服系统控制方式	25	
4	电液伺服系统	1. 能熟练回答电液伺服系统的概念、特点及分类； 2. 能回答电液位置伺服控制系统的分类及相应系统的工作原理； 3. 能读懂电液位置伺服系统应用实例； 4. 知道液压技术与气动技术的相同与不同点	25	
备注			自评 得分	

第 5 章

计算机控制及接口技术

知识目标

(1) 了解计算机控制系统的结构、原理和分类；

(2) 了解计算机控制系统的发展方向；

(3) 了解接口技术的概念及种类；

(4) 了解工业控制计算机系统的分类及硬件组成；

(5) 了解工控机总线的分类；

(6) 了解 STD 总线的技术特点。

能力目标

会简单地运用计算机和控制接口方面的基础知识处理工业控制过程中的实际问题。

知识导入

1. 工业炉的计算机控制

图 5-1(b)展示的是计算机控制的工业炉，其燃料为燃料油或者煤气，为了保证燃料在炉膛内正常燃烧，必须保持燃料和空气的比值恒定。图 5-2 所示为控制系统实物照片。

图 5-1(a)显示的是工业炉的控制原理，为控制燃料和空气的比例，保证炉温，保持炉膛压力恒定，工业炉的工作过程采用计算机控制。为了提高炉子的热效率，计算机还对炉子排出的废气进行分析，用传感器测量烟气中的微量氧，通过计算得出其热效率，用以指导燃烧调节。

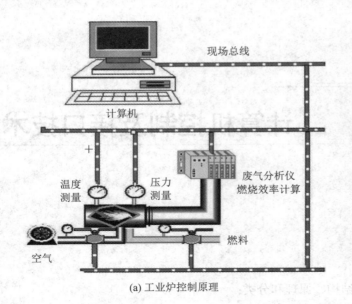

(a) 工业炉控制原理　　　　　　　　　　　(b) 工业炉实物

图 5-1　工业炉的计算机控制

图 5-2　控制系统实物

2. 水质监测

为提高水质监测能力，某市建立了如图 5-3 和图 5-4 所示的工业废水在线监测系统，该系统由污水排放监测子站、监测中心站和管理中心(城市环保局)组成。该系统可实现对企业废水和城市污水的自动采样、流量的在线监测和主要污染因子的在线监测；实时掌握企业及城市污水排放情况及污染物排放总量，实现监测数据自动传输；由监测中心站的计算机控制中心进行数据汇总、整理和综合分析；监测信息传至城市环保局，由城市环保局对企业进行监督管理。

从上述两个案例可以看出，计算机控制以及网络技术的使用，极大地提高了系统控制的自动化水平和控制的精度以及实时性。采用计算机控制技术已经成为机电一体化技术的重要特征。

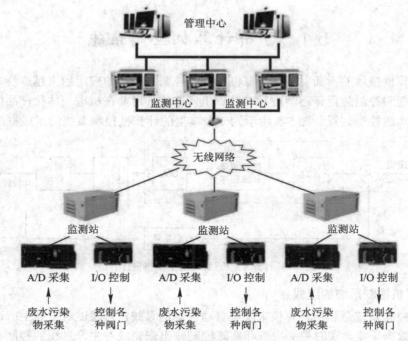

图 5-3　工业废水监测系统框图

图 5-4　工业废水监测系统实物

5.1　了解计算机控制系统

随着计算机技术的不断发展，计算机在工业控制领域中的应用越来越广泛，传统的模拟式信息处理和控制装置正逐渐被数字计算机所取代。目前在机电一体化产品中，多以计算机为核心构成控制装置。图 5-5 所示为一个典型的计算机控制系统的组成框图。

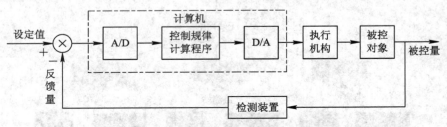

图 5-5　计算机控制系统的基本框图(闭环)

1. 计算机控制系统的组成

计算机控制系统是利用计算机来实现自动控制的系统，它通过对工业生产过程被控参数进行实时数据采集、实时控制决策和实时控制输出来完成对生产过程的控制。在控制系统中引入计算机，可以充分发挥其运算、逻辑判断和记忆等方面的优势，从而更好地完成各种控制任务。

计算机控制系统由硬件和软件两大部分组成。

1) 硬件组成

计算机控制系统的硬件主要包括计算机主机及其外围设备、以 A/D 转换和 D/A 转换为核心的模拟量 I/O 通道和数字量 I/O 通道、人机联系设备等。其硬件组成可用图 5-6 来示意。

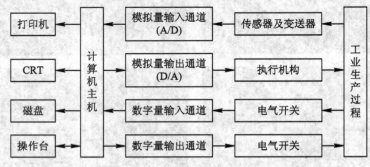

图 5-6　计算机控制系统的硬件组成框图

(1) 主机。由 CPU、时钟电路和内存储器构成的计算机主机是计算机控制系统的核心部件，其主要功能是数据采集、数据处理、逻辑判断控制量计算、超限报警等，向系统发出各种控制命令，指挥整个系统有条不紊地协调工作。随着微处理技术的快速发展，人们针对工业领域相继开发出一系列的工业控制计算机，如单片机、PLC、总线式工控机、分散计算机控制系统等。这些控制计算机弥补了商用计算机的缺点，更加适用于工业现场环境，也极大地提高了机电一体化系统的自动化程度。

(2) I/O 通道。I/O 通道是计算机主机与被控对象进行信息交换的桥梁，有模拟量 I/O 通道和数字量 I/O 通道之分。模拟量 I/O 通道的作用是进行模/数(A/D)转换和数/模(D/A)转换。由于计算机只能处理数字信号，经由传感器和变送器得到的生产过程模拟量参数要先经过 A/D 转换为数字量才能输入计算机。而计算机输出的数字量控制信号要经过 D/A 转换为模拟信号之后才可输出到执行机构，以完成对生产过程的控制作用。数字量 I/O 通道的作用是将各种继电器、限位开关等的状态经由数字量输入接口传送给计算机，或将计算机发出的开关动作逻辑信号通过数字量输出接口传送给生产机械中的电气开关。

(3) 外围设备。在计算机控制系统中，外围设备的配置主要是为了扩大计算机主机的功能。常用的外围设备有打印机、记录仪、显示器(CRT)、软盘、硬盘及外存储器等，用来打印、记录、显示和存储各种数据。

(4) 操作台。操作台是人机对话的联系纽带，一般包括各种控制开关、指示灯、数字键、功能键、声讯器以及显示器等。通过操作台，操作人员可向计算机输入和修改控制参数，发出各种操作指令；计算机可向操作人员显示系统运行状态，当系统异常时发出报警信号。

2) 软件组成

计算机控制系统中的软件是指用于完成操作、监控、管理、控制、计算和自我诊断等功能的各种程序的统称。软件的优劣不仅关系到硬件功能的发挥，而且也关系到计算机控制系统的品质。按功能区分，软件通常分为系统软件和应用软件两大类。

(1) 系统软件。系统软件是指用来管理计算机本身的资源和便于用户使用计算机的软件。常用的系统软件包括操作系统和开发系统(如汇编语言高级语言、数据库、通信网络软件)等。它们一般由计算机制造厂商提供，用户只需了解并掌握其使用方法，或根据实际需要进行适当的二次开发。

(2) 应用软件。应用软件是用户根据要解决的具体控制问题而编制的控制和管理程序，如数据采集和滤波程序、控制程序、人机接口程序、打印显示程序等。其中，控制程序是应用软件的核心，是基于古典控制理论和现代控制理论的各种控制算法的具体实现。

2. 计算机在控制中的应用方式

根据计算机在控制中的应用方式，可以把计算机控制系统划分为四类，它们是：操作指导控制系统，直接数字控制系统，监督计算机控制系统，分级计算机控制系统。

1) 操作指导控制系统

操作指导控制系统又称为数据处理系统(Data Processing System, DPS)。"操作指导"是指计算机输出不直接用来控制生产对象，而只是对系统过程参数进行收集、加工处理，然后输出数据，操作人员根据这些数据进行必要的操作，其原理如图 5-7 所示。操作指导控制系统的优点是结构简单，控制灵活安全，特别适用于未摸清控制规律的系统；其缺点是要人工操作，速度不能太快，操作不能太多，不适用于快速控制。

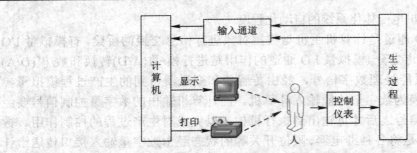

图 5-7　计算机操作指导控制系统原理图

2) 直接数字控制系统

与操作指导控制系统不同，直接数字控制(Direct Digital Control，DDC)系统中计算机的运算和处理结果直接输出并作用于生产过程。如图 5-8 所示，DDC 系统中的计算机参与闭环控制，它完全取代了模拟调节器来实现多回路的 PID 控制，而且只通过改变程序就能实现复杂的控制。DDC 系统是计算机在工业生产中最普遍的一种应用形式，目前在工业控制中得到广泛应用。

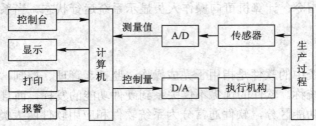

图 5-8　直接数字控制系统原理图

如图 5-9 所示为液体混合控制系统，PLC 控制阀门 A 和阀门 B 的打开及关断，当液体混合罐中液位达到位置 SA2 时，PLC 输入端收到 SA2 传感器信号，通过 PLC 内部程序，让输出端输出信号，使阀门 A 和阀门 B 关断，物料 A 和物料 B 停止流入。

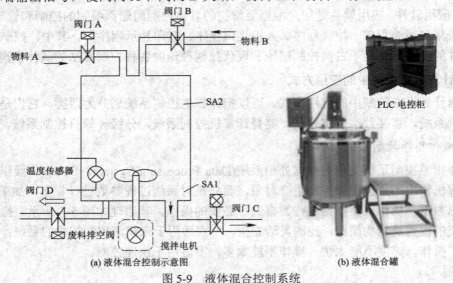

(a) 液体混合控制示意图　　　　　　　　(b) 液体混合罐

图 5-9　液体混合控制系统

3) 监督计算机控制系统

在监督计算机控制(Supervisory Computer Control，SCC)系统中计算机根据工艺参数和过程参量检测值，按照所设计的控制算法进行计算，计算出最佳设定值直接传送给常规模拟调节器或者 DDC 计算机，最后由模拟调节器或 DDC 计算机控制生产过程。如图 5-10 所示，SCC 系统计算机的输出值不用于直接控制执行机构，而是作为下一级的设定值，它并不参与到频繁的输出控制中，而是着重于控制规律的修正与实现。

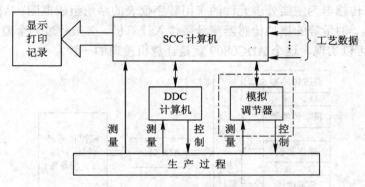

图 5-10　监督计算机控制系统原理图

4) 分级计算机控制系统

生产过程中既存在控制问题，也存在大量的管理问题，同时，设备一般分布在不同的区域，其中各工序、各设备同时并行地工作，基本相互独立，故全系统是比较复杂的。这种系统的特点是功能分散，用多台计算机分别执行不同的控制功能，既能进行控制又能实现管理。图 5-11 是一个四级计算机控制系统。其中过程控制级为最底层，对生产设备进行直接数字控制；车间管理级负责本车间各设备间的协调管理；工厂管理级负责全厂各车间生产的协调，包括安排生产计划、备品备件等；企业(公司)管理级负责总的协调，安排总生产计划，进行企业(公司)经营方向的决策等。

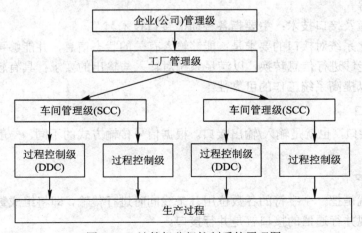

图 5-11　计算机分级控制系统原理图

5.2　学习计算机控制系统的接口

简单地说，接口就是各子系统之间以及子系统内部各模块之间相互连接的硬件及相关协议软件。

图 5-12 是一种以 MCS-51 单片机为主控器，以 ADC0809 为核心，以气压、油压、温度、霍尔元件等传感器为主要外围元件的车用数字仪表的系统组成框图。从图中可以看出，源自气压、油压、油量等的模拟传感器信号要传入计算机，必须经过一个型号为 ADC0809 的模/数接口才可以实现。这个 ADC0809 就是计算机接口的一种。

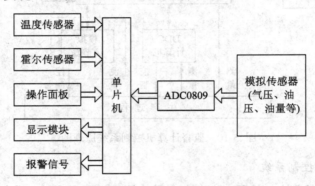

图 5-12　车用数字仪表系统组成框图

接口有通用和专用之分，外部信息的不同，所采用的接口方式也不同，一般可分为如下几种：

人机通道及接口技术：键盘接口技术、显示接口技术、打印接口技术、软磁盘接口技术等。

检测通道及接口技术：A/D 转换接口技术，V/F 转换接口技术等。

控制通道及接口技术：F/V 转换接口技术，D/A 转换接口技术，光电隔离接口技术，开关接口技术等。

系统间通道及接口技术：主要指各种通信接口技术。

机电一体化系统对接口的要求是：能够输入有关的状态信息，并能够可靠地传送相应的控制信息；能够进行信息转换，以满足系统对输入与输出的要求；具有较强的阻断干扰信号的能力，以提高系统工作的可靠性。

1. I/O 接口

所谓 I/O 接口，也就是输入/输出接口。根据信号传输方式的不同，一般可分为并行和串行两种方式。

1) 并行接口

并行通信就是把一个字符的各数位用几条线同时进行传输，即将组成数据的各位同时进行传送。实现并行通信的接口就是并行接口。

由于数据并行传输，所以相比串行接口，并行接口传输速度快，比较适合于短距离、高速数据传输的场合，实现更高速的双向通信。例如连接磁盘机、磁带机、光盘机、网络设备等计算机外部设备。当传输距离较远、位数又多时，并行接口就会导致通信线路复杂且成本提高。

如图 5-13 所示即为并行通信接口及并行电缆。

(a) 并行接口　　　　　　　　　(b) 并行电缆

图 5-13　并行接口与并行电缆

2) 串行接口

串行通信是在单根导线上将二进制数一位一位地顺序传送。实现串行通信的接口就是串行接口。

串行接口的特点是通信线路简单，只要一对传输线就可以实现双向通信，特别适用于远距离通信，从而大大降低了成本，但传送速度较慢。串行通信的距离可以从几米到几千米；根据信息的传送方向不同，串行通信可以进一步分为单工、半双工和全双工三种形式。

串行接口按电气标准及协议来分包括 RS-232-C、RS-422、RS-485 等。图 5-14 为 RS-232接口。

图 5-14　RS-232 串口

2. D/A、A/D 转换接口

1) D/A(数/模)转换器

D/A 转换器是指将数字量转换成模拟量的电路，如图 5-15 所示。其主要作用是将计算机需要输出的数字量转换成电压，以便再转换成适合外围设备的模拟物理量。

(a) D/A 转换器示意图　　　　　(b) DAC0832 D/A 转换器

图 5-15　D/A 转换器

图 5-16 为 D/A 转换器作为系统输出接口的连接示意图。

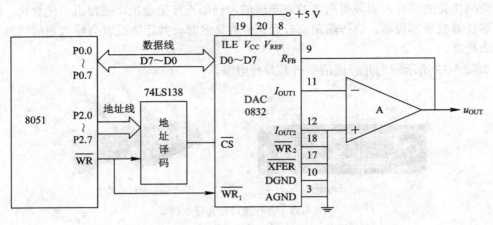

图 5-16　DAC0832 芯片与单片机连接

2) A/D(模/数)转换接口

　　A/D 转换器是将外围设备上的模拟电压转换成数字量的器件，如图 5-17 所示。它的作用是将现场来的信号经过一系列放大滤波等处理后的模拟量数据变换成适合于数字处理的二进制代码。实现 A/D 转换的方法有多种，常用的有逐次逼近法、双积分法。A/D 转换器是模拟输入接口中的核心部件。图 5-18 所示为 ADC0809 A/D 转换器工作原理示意图。

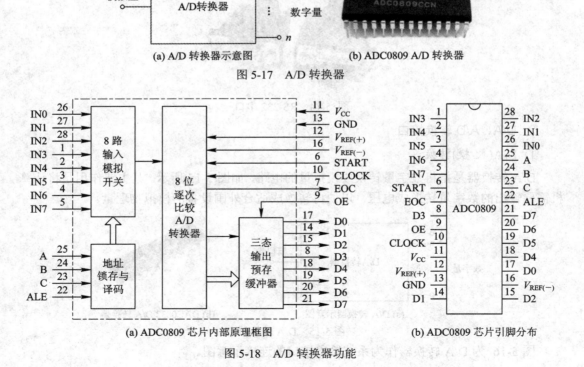

(a) A/D 转换器示意图　　　　　　　(b) ADC0809 A/D 转换器

图 5-17　A/D 转换器

(a) ADC0809 芯片内部原理框图　　　　(b) ADC0809 芯片引脚分布

图 5-18　A/D 转换器功能

5.3　了解工业常用控制计算机

工业控制计算机泛指用于工业控制的计算机，简称工控机。它是处理来自检测传感器的输入信息，并把处理结果输出到执行机构去控制生产过程，同时可对生产进行监督、管理的计算机系统。常见的工控机主要有单片机、可编程序控制器(PLC)、IPC (PC 总线工业电脑)、DCS (分散型控制系统)、FCS (现场总线系统)及 CNC (数控系统)。

根据计算机控制系统的大小和控制参数的复杂程度，我们可以采用不同的微型计算机。对于控制量为开关量和少量数据信息的模拟量的小系统，采用单片机或可编程控制器就能满足控制要求。对于数据处理量大的系统，则往往采用 IPC。对于多层次复杂的机电一体化系统，则采用 FCS 或 DCS 控制系统，在这类控制系统中，根据各级及控制对象的特点，可分别采用单片机、可编程控制器、IPC 和微型机来分别完成不同的功能。

机电一体化系统的微型化、多功能化、柔性化、智能化、安全可靠、价格低、易于操作的特性都是采用微型计算机的结果，因此计算机控制技术是机电一体化中的关键技术。

1. 常用工业控制机简介

1) 工业电脑

工业电脑，英文缩写 IPC (Industry Personal Computer)，现在一般指基于 PC 总线的工控机，也叫工业 PC。工业 PC 是在个人计算机(PC 机)的基础上，经过改进并配上相应的工业用软件而形成的。它具有丰富的过程输入/输出接口功能、迅速响应的实时功能和环境适应能力。一般工控机不作说明的话，往往单指工业 PC。

工业 PC 是专门为工业现场而设计的计算机，如图 5-19 所示。

(a) 工控机外形　　　　　　　　　　　　　(b) 母板

图 5-19　工控机实物

工业现场一般具有强烈的震动，灰尘特别多，另有很高的电磁场干扰等环境特点，且一般工厂均是连续作业，即一年中一般没有休息。因此，工控机与普通计算机相比必须具有以下特点：

① 用通用底板总线插座代替个人计算机中的大母板。

② 将母板分为若干 PC 插件。

③ 机箱内有专门电源，电源有较强的抗干扰能力。

④ 要求具有连续长时间工作能力。

⑤ 配合相应的工业软件使用。

⑥ 机箱采用钢结构，有较高的防磁、防尘、防冲击的能力。

尽管工控机与普通的商用计算机相比，具有得天独厚的优势，但其劣势也是非常明显的——数据处理能力差。

2) 可编程序控制器(PLC)

PLC (Programmable Logic Controller，可编程序逻辑控制器)是一种数字运算操作的电子系统，是专为在工业环境中应用而设计的。它采用一种可编程的存储器，用于在其内部存储程序，执行逻辑运算、顺序控制、定时、计数与算术操作等面向用户的指令，并通过数字或模拟式输入/输出控制各种类型的自动控制系统。PLC 自 20 世纪 60 年代由美国推出以取代传统继电器控制装置以来，得到了快速发展，在工业控制领域得到了广泛应用。图 5-20 所示为 PLC 实物照片。

图 5-20　PLC 实物图

图 5-21 是 PLC 应用于逻辑控制的简单实例。输入信号是由按钮开关、限位开关、继电器触点等提供的各种开关信号，通过接口进入 PC，经 PC 处理后产生控制信号，通过输出接口送给线圈、继电器、指示灯、电动机等输出装置。

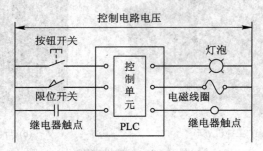

图 5-21　PLC 的逻辑控制电路

PLC 的特点如下：

① 工作可靠。由于输入/输出采用了光电耦合技术，因此 PLC 具有很强的抗干扰能力，适合于工业现场控制。

② 可与工业现场信号直接连接。

③ 积木式组合。尤其是模块式 PLC，除了电源模块和 CPU 模块之外，其他模块可以根据需要变化和增减，运用起来十分方便。

④ 编程操作容易。由于 PLC 采用的是脱胎于继电控制系统的梯形图编程，因此只要具备常规的控制电路分析能力，在逻辑上就很容易掌握 PLC 的编程方式。

⑤ 易于安装及维修。

3) 单片微计算机及嵌入式系统

单片微计算机也叫单片机，它是将 CPU、RAM、ROM、定时/计数、多功能 I/O (并行、串行、A/D)、通信控制器，甚至图形控制器、高级语言、操作系统等都集成在一块大规模集成电路芯片上的微型计算机。单片机是由单一芯片构成，故被称为单片微型计算机(single chip microcomputer)，简称单片机。由于单片机无论从功能还是形态来说都是作为控制领域用计算机而产生和发展的，因此国外多称之为微控制器(microcontroller)。其典型产品包括 Intel 公司的 MCS-48(8 位)、MCS-51(8 位)和 MCS-96(16 位)系列，Philips 公司的 80C51 系列，Atmel 公司的 AT89 系列等。

单片机具有集成度高、控制功能强、通用性好、运行速度快、体积小、重量轻、能耗低、结构简单、价格低廉、使用灵活等优点，可以在不显著增加机电一体化产品的体积、能耗及成本的情况下，大大提高其性能，丰富其功能，故常用于数显仪表、智能化仪表、工业过程控制、机器人、简易数控机床、家用电器、办公自动化、通信与网络系统中。图 5-22(a)为单片机实物图。

在单片机的技术基础上，将计算机控制系统直接"嵌入"系统控制板的嵌入式系统目前也是大行其道。

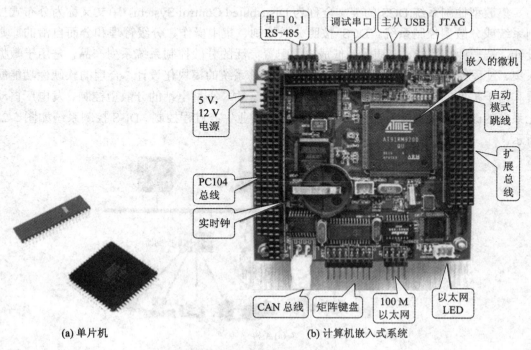

(a) 单片机　　　　　　　　(b) 计算机嵌入式系统

图 5-22　单片机和计算机嵌入式系统

嵌入式系统被定义为：以应用为执行中心，以计算机技术为基础，软件硬件可裁剪、适应应用系统对功能、可靠性、成本、体积、功耗要求严格的专用计算机系统。嵌入式系统结构如图 5-22(b)所示。

嵌入式系统涵盖了硬件和软件两个层面，建立在一个高性能的微处理器(相对于单片机)的硬件基础上，以一个成熟的实时多任务操作系统(RTOS)为软件平台。

嵌入式系统软硬件是可裁减的，并具有软硬件一体化、低功耗、体积小、可靠性高、技术密集等特点。

一个典型的嵌入式系统是由以下几个部分组成的：硬件平台、板级支持包(Board Support Package，BSP)、实时操作系统 (Real Time Operating System，RTOS)、应用程序。

硬件平台主要包括嵌入式微处理器和控制所需要的相关外设，微处理器是嵌入式系统的硬件核心。嵌入式操作系统是嵌入式系统的灵魂，它大大提高了嵌入式系统开发的效率，减少了系统开发的工作量，而且操作系统使得应用程序具有了较好的可移植性。可以依托嵌入式处理器和操作系统为软硬件平台设计专门的工业控制器，使它作为现场的控制装置安放到设备层当中，与传统采用的单片机控制方式相比，它具有处理能力强大、便于系统集成开发等优点。同时，其软硬件可剪裁，因此与 PLC 相比具有更紧凑的结构和更低的价格。而且，嵌入式控制器上可嵌入各种通信接口，所以比 PLC 具有更强的系统适应性。此外，嵌入式控制器可以具有大容量的数据存储和 LCD、触摸屏接口，因此也可作为控制层的工作站，集中管理现场的各个控制节点。

4) 集散型控制系统(DCS)

集散型控制系统 DCS 的英文全称为 Distributed Control System，中文又称为分布式控制系统或分散型控制系统。DCS 按照分散控制、集中操作、分级管理和分而自治的原则设计，是一种高性能、高质量、低成本、配置灵活的分散控制系统系列产品，是用于数据采集、过程控制、生产管理的新型控制系统。该系统的模块化设计、合理的软硬件功能配置和易于扩展的能力，使其能广泛用于各种大、中、小型电站的分散型控制、发电厂自动化系统的改造以及钢铁、石化、造纸、水泥等工业生产过程控制。DCS 控制系统如图 5-23 所示。

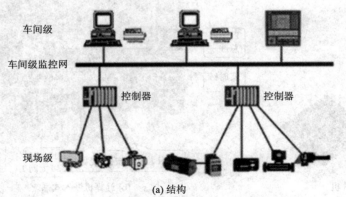

(a) 结构

(b) 场景

图 5-23　DCS 控制系统

5) 现场总线控制系统

现场总线控制系统(Fieldbus Control System，FCS)是 20 世纪 90 年代兴起的迅速得以应用的新型计算机控制系统，它由 DCS 发展而来，与 DCS 的区别主要在现场控制层，现场总线控制系统是利用现场总线将各智能现场设备、各级计算机和自动化设备互联，形成一个数字式全分散双向串行传输、多分支结构和多点通信的通信网络，现已广泛地应用在工业生产过程自动化领域。现场总线控制结构如图 5-24 所示。

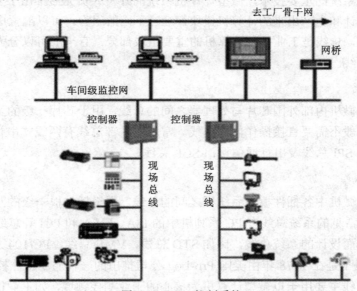

图 5-24　FCS 控制系统

6) 数控系统(CNC)

CNC 英文全称为 Computer Numerical Control，中文全称为计算机数字控制系统。它是采用微处理器或专用微机的数控系统，由事先存放在存储器里的系统程序(软件)来实现控制逻辑，实现部分或全部数控功能，并通过接口与外围设备进行连接，称为计算机数控，简称 CNC 系统。数控机床是以数控系统为代表的新技术对传统机械制造产业的渗透形成的机电一体化产品；其技术范围覆盖很多领域：机械制造技术，信息处理、加工、传输技术，自动控制技术，伺服驱动技术，传感器技术，软件技术等。图 5-25 为数控系统实物图。

图 5-25　数控系统

2. 工业控制计算机的总线

在任何计算机控制系统中，控制器都要与一定数量的部件和外围设备连接，如果将各部件和外围设备分别用一组线路直接与控制器连接，连线将会错综复杂，甚至难以实现。为了简化硬件电路设计和系统结构，常用一组公用线路，配置以适当的接口电路与各部件和外围设备连接，这组共用的连接线路被称为总线。在系统中，总线是在各个模块和部件之间传递信息的公共通路，实现部件与部件或者系统与系统之间的连接和通信。

总线是构成系统的重要技术，微型计算机系统的开发人员先后推出了多种总线标准。按照总线标准设计和生产出来的计算机模块，经过不同的组合，可以配置成各种用途的计算机系统。因此，总线是工业控制计算机的重要组成部分，它一般可以分为内部总线、系统总线及外部总线。

1) 内部总线

内部总线是微机内部外围芯片与处理器之间的总线，用于芯片一级的互联与通信，顶层的终端用户一般不需要直接操作内部总线。常用的内部总线有两线式串行 I²C 总线、串行外围设备接口 SPI 总线及串行通信接口 SCI 总线。

2) 系统总线

系统总线是微机中各插件板与系统板之间的总线，用于插件板一级的互联，因此又被称为板级总线。常见的系统总线有 PC 系列机中的 ISA、EISA 和 PCI 等总线标准以及为适应工业现场环境而设计的系统总线，比如 STD 总线、VME 总线、PC/104 总线等。

STD 总线最早是在 1978 年由美国 Pro-Log 公司推出的一种通用工业控制的 8 位微型机总线。STD 总线主要用于以微型计算机为核心的工业测控领域，如工业机器人、数控机床、数据采集系统、仪器仪表等。其 16 位的总线兼容 8 位总线产品，32 位总线兼容 16 位及 8 位总线产品。STD 总线的主要技术特点如下：

① 小板结构，高度模板化。

② 严格的标准化，广泛的兼容性。

③ 面向 I/O 的设计，适合工业控制应用。

④ 高可靠性。

STD 总线工控机是一种采用 STD 总线标准的工业计算机，STD 总线在 20 世纪 80 年代前后风行一时，对我国工控机的使用与研制有很大影响。图 5-26 为 STD 总线结构。

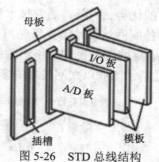

图 5-26 STD 总线结构

3) 外部总线

外部总线则是微型计算机与外部设备之间或计算机系统之间互联的通信总线。作为一种设备，微型计算机与其他设备进行信息与数据交换、远程通信或测试都要靠外部总线实现。外部总线用于设备一级的互联。常用的外部总线有 IEEE488 并行总线、RS-232C 和 RS-485 串行通信总线。

3. 工业控制网络

在工业控制应用中，由单台工业控制计算机组成的系统，其功能毕竟是有限的。随着计算机、通信、网络、控制等学科领域的发展，控制网络技术日益为人们所关注。

控制网络，即网络化的控制系统。控制网络技术源于计算机网络技术，但是，由于控制网络的特殊工作要求和应用环境，使得控制网络与一般的计算机网络又存在一定差异。比如，控制网络的系统响应速度和可靠性要大大强于非工业控制的计算机网络。

控制网络一般指以控制"事物对象"为特征的计算机网络系统。控制网络可分为集散控制系统 DCS、现场总线控制系统 FCS 和工业以太网三类。其中，DCS 与 FCS 在前文我们从工控机的角度已作了介绍。

1) 集散控制系统(Distributed Control System，DCS)

DCS 是以计算机为核心，把计算机、工业控制器数据通信系统、显示操作装置、输入输出通道等有机地结合起来，既实现地理上和功能上分散的控制，又通过高速数据通道把各个分散点的信息集中监视和操作，并实现高级复杂规律的控制的控制系统。

2) 现场总线控制系统(Fieldbus Control Systerm，FCS)

现场总线控制系统是用于现场仪表与控制室系统之间的一种开放、全数字化、双向、多站的通信系统，是具有测量控制、执行和过程诊断等综合能力的控制网络。目前，世界上存在着大约四十种现场总线，但大概不到十种的总线占有 80%左右的市场。

主流的现场总线有基金会现场总线(Foundation Fieldbus，FF)、控制器局域网(Controller Area Network，CAN)、Lonworks、DeviceNet、PROFIBUS、HART、CC-Link、INTERBUS、ControlNet 及 Modbus 协议等。

3) 工业以太网

工业以太网技术是普通以太网技术在控制网络上延伸的产物。前者源于后者又不同于后者。以太网技术经过多年发展，特别是它在 Internet 中的广泛应用，使得它的技术更为成熟，并得到了广大开发商与用户的认同。因此无论从技术上还是产品价格上，以太网较之其他类型网络技术都具有明显的优势。另外，随着技术的发展，控制网络与普通计算机网络、Internet 的联系更为密切。控制网络技术需要考虑与计算机网络连接的一致性，需要提高对现场设备通信性能的要求，这些都是控制网络设备的开发者与制造商把目光转向以太网技术的重要原因。图 5-27 是基于工业以太网技术的多总线集成控制系统的典型结构。

图 5-27　基于工业以太网技术的多总线集成控制系统

练　习　题

1. 什么是计算机控制系统？它由哪些部分组成？它分哪几类？
2. 计算机接口方式有几种？
3. 何谓 I/O 接口？什么是并行接口？什么是串行接口？
4. ADC 0809 芯片是什么器件？请解释这一器件的定义。
5. 什么叫工业控制计算机？什么叫 IPC、PLC、单片机？
6. 请写出 DCS 和 FCS 的中文名称，并说出它们之间的区别是什么。
7. 什么叫嵌入式系统？它与单片机是什么关系？
8. 什么叫总线？它一般分为哪几类？
9. 工业控制计算机中 STD 总线的含义是什么？什么叫 STD 工控机？
10. 什么叫 PID 控制？
11. 工业控制网络一般分哪几种？
12. 试举例说明几种工业控制计算机的应用领域。
13. 试分析家用变频空调的计算机控制原理(重点分析输入/输出通道)。

学　习　评　价

根据个人实际填写下表，进行自我学习评价。

学习评价表

序号	主要内容	考 核 要 求	配分	得分
1	计算机控制系统	1. 能准确表述计算机控制系统的组成及各部分的作用； 2. 能回答出计算机控制系统的类型； 3. 能从功能角度说出两种类型的计算机软件； 4. 能流利讲述四类控制系统中计算机的应用方式； 5. 能粗略说出计算机控制系统的发展方向	45	
2	控制系统的接口技术	1. 能回答计算机接口的分类及应用场合； 2. 能完整陈述常用接口方式的原理及工作过程； 3. 能简答出串口、并口的异同和优缺点； 4. 能辨识 A/D 和 D/A 接口	30	
3	工业控制计算机	1. 能识别工业控制计算机系统硬件组成的一般形式； 2. 可以回答出工业控制计算机的分类； 3. 能熟练讲述工业控制计算机中 STD 总线的含义、技术特点； 4. 基本能回答 IPC、可编程序控制器、单片机、嵌入式系统、现场总线等的工作原理、选用原则及其特点	25	
备注			自评得分	

第 6 章

可靠性和抗干扰技术

知识目标

(1) 了解干扰源的种类，掌握对应防护措施；
(2) 掌握电磁干扰的传播途径及对应的防护措施；
(3) 了解提高系统可靠性的途径和方法；
(4) 了解各种抗电磁干扰技术及其抑制方法。

能力目标

会对抗干扰技术以及基本应用电路进行初步的选择。

知识导入

2004 年 11 月 29 日，在中兴通讯公司培训研讨会上，广西南宁地区的工作人员反映，当地部分远端通信站机房遭雷击问题十分严重，培训研讨会要求公司专家对出事地区通信站情况进行现场调研，以便制定整改方案。

2004 年 12 月 13—15 日，中兴通讯公司质量战略工作组可靠性总监和质量经理，在当地相关工程人员的协助下，对南宁铁通分公司、防城港电信分公司、东兴市电信局的十多个通信局(站)的工程防雷接地情况进行了现场调研，发现了这些局(站)在接地防雷设计和工程方面的一些问题，提出了整改意见。

调查人员首先到广西防城港电信分公司东兴市电信局江平镇黄竹站调研。自 2003 年 6 月开通以来，该站因雷击导致用户板等设备损坏、返修的情况非常严重。经测试，该站接地桩的接地电阻为 3 Ω。

经现场考察，调查人员认为，该站并非处于独立高点，遭受直击雷的可能性不大，但电源线和用户线均传输的是农电，由架空明线引入，雷击很可能由电源线或用户线引入。

经过检查，调查人员发现，黄竹站的接地防雷网络有如下问题：

(1) 地线与地桩的连接方式不符合要求。

相关标准要求地线的连接以焊接为好，至少要通过接地汇流排转接，每个转接孔只能接一根地线，而且要通过线鼻子或铜垫片压紧。禁止多股地线绞在一起与地桩压接。其主要目的是减少地线上的阻抗，抑制地电位反弹。如图 6-1 所示的连接方式显然是不符合要求的。

(2) 地线的粗细不规范，泄放大电流的地线反而较细。

40 kA 避雷器的泄放地线只有 4 mm (如图 6-2 所示的细线截面积，下同)，不能有效泄放雷击电流，从而使避雷器效果变差，甚至被打坏，证明确有雷击信号从电源线进入。调查人员建议，将该地线改为 25 mm 以上粗线。

另外，配线架的地线也较细(图 6-1 中的细黑线，约 12 mm)，泄放雷击电流时会在线上产生较大的电位差(与线长有关，该地线线长大于 6 m)。

图 6-1　不符合要求的接地连接方式　　　　图 6-2　粗细不规范的地线

(3) 接地网络不符合均压等电位原则。

黄竹站的设备接地网络如图 6-3 所示，是一种典型的星形连接，配线架、ONU(光节点)、SDH (同步数字光端机)三台设备各自分别接地。由于三根地线长短粗细和泄放电流大小不一，所以当泄放雷击电流时，设备外壳的 A、B、C 三点的电位相差很大。当用户线上的雷击电流进入配线架时，配线架保安单元泄放电流，地线 AD 上会产生数千伏的浪涌电压，而 B 点、C 点和 D 点的电位仍然为零伏。正是 AD 线上的数千伏电压加上配线

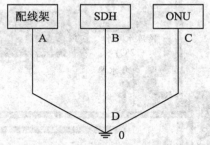

图 6-3　不符合均压等电位原则的接地网络

架保安器的残压施加在用户板的入口，导致用户板损坏，这就是地电位反弹。

为此，调查人员认为，整改方案是：将地线与接地桩的连接改为汇流排连接；将 40 kA 避雷器的地线改为 25 mm 以上地线；将 ONU 和 SDH 的地线用 25 mm 以上的短线先连到配线架，再通过 45 mm 以上的地线连接到接地桩。

对其他地区检查发现存在同样的问题，检查人员逐一进行了整改。经长时间的运转后情况正常。显然这是一起典型的因接地技术干扰引起的机电系统可靠性故障。

航天发射场的火箭和卫星测试厂房、发射塔等航天测试发射设施中均设有全空气集中空调系统(即中央空调系统)。航天发射任务要求万无一失，这对航天发射场空调系统的可

靠性提出了较高要求。但是，系统故障仍然是难以避免的，根据某发射场空调系统的调研，对空调设备主要故障类型和出现次数进行分类统计分析，其结果见表 6-1 和表 6-2。系统及机组如图 6-4 所示。

表 6-1　空调系统主要机械故障及分析

故障设备	故障现象	故障次数	故障率/(%)
风机	风机轴承、联轴器、底座损坏，风机 皮带脱落和打滑	15 4	59.4
换热器	蒸汽加热器泄露	1	9.4
	表冷器冻坏	2	
冷却塔	布水器轴承损坏	2	9.4
	冷却塔轴承损坏	1	
阀门	蒸气加湿电动阀卡死	1	9.4
	电动阀电线脱落	1	
	冷水供水蝶阀吊杆	1	
组合空调器	箱体漏风	1	3.1
转轮除湿机	再生风管过滤器尘堵	1	3.2
系统管道	蒸汽管道腐蚀漏水	1	3.1
冷水机组	压缩机漏油	1	3.0
合计		32	

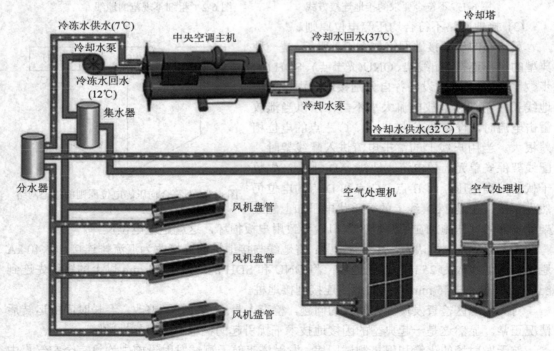

(a) 全空气集中空调系统

(b) 机组

图 6-4　全空气集中空调系统及机组

表 6-2　空调系统主要电控故障及分析

故障设备	故障现象	故障次数	故障率/(%)
控制柜	阀门继电器损坏	3	50.0
	保险损坏	7	
	CPU 模块电池没电、程序丢失	3	
	阀门基点起线路断路、短路	6	
配电柜	空气开关烧坏，接线松动断路	10	36.8
	断路	1	
	指示灯损坏	1	
	风机接触器损坏	2	
电加热器	接线问题	1	7.9
	接线端子短路	2	
传感器	湿度传感器失效	1	5.3
	电源损坏	1	
合计		38	

　　从统计可以看出，电控系统故障占总故障次数的 55.3%，机械故障次数占总故障次数的 44.7%，可见电控故障率高于机械故障率。

　　提高空调电控设备的可靠性对提高空调系统可靠性具有重要意义。对故障机理的分析发现，空调设备的故障基本上都是渐变型的，通过对空调设备部件进行科学的检查、保养和易损部件更新，大多数故障是可以及时发现和预防的。

由表 6-1 可见，在机械故障中，故障率最高的空调设备是风机，其故障次数占机械故障总次数的 59.4%，因此提高风机的工作可靠性对提高空调系统可靠性具有十分重要的意义。风机中最容易出现故障的部件是风机轴承，联轴器、底座和皮带，它们是空调维护检修的重点对象。另外，空调换热器、冷却塔轴承和管道阀门也是容易出现故障的设备和部件。

由表 6-2 可见，在空调电控故障中，故障出现频率最高的是空气开关、继电器，以及控制柜保险问题，这些故障次数占电控故障总次数的 68.4%。可见提高这些电器元件的工作可靠性，对提高空调系统的工作可靠性具有重要意义。

通过对表 6-1 中数据的分析可见，在空调设备的机械故障中，运动设备故障占 78.1%，非运动设备故障占 21.9%，可见运动设备的故障率大大高于非运动设备。

空调设备的机械故障失效类型包括磨损疲劳，振动松懈、腐蚀、结垢、密封失效和灰尘堵塞等，其中出现频率最高的是磨损疲劳，占总故障的 59.4%，其次是振动松懈，占 15.6%。

综合表 6-1 和表 6-2 的结果进行分析可知，该空调系统故障的主要原因为：设备质量问题、维护问题、更新问题、安装和验收问题、操作问题和设计问题，这些故障原因的出现频率为：设备质量问题占 37%；维护问题占 27%；更新问题占 22%；安装和验收问题占 9%；操作问题占 4%；设计问题占 1%。可见设备质量、维护和更新问题是造成空调系统故障的主要原因。

上述案例告诉我们，机电一体化系统及产品要能正常地发挥其功能，首先必须稳定、可靠地工作。可靠性(Reliability)是系统和产品的主要属性之一。是考虑到时间因素的产品质量，对于提高系统的有效性，降低寿命期费用和防止产品发生故障(Failure)具有重要意义。要发挥其功能，首先必须稳定、可靠地工作。

干扰(Interference)问题是机电一体化系统设计和使用过程中必须考虑的重要问题。在机电一体化系统的工作环境中存在大量的电磁信号，如电网的波动、强电设备的启停、高压设备和开关的电磁辐射等，当它们在系统中产生电磁感应和干扰冲击时，往往就会扰乱系统的正常运行，轻者造成系统的不稳定，降低了系统的精度；重者会引起控制系统死机或误动作。造成设备损坏或人身伤亡。

抗干扰技术就是研究干扰的产生根源、干扰的传播方式和要避免被干扰需采取的措施(对抗干扰)等问题。机电一体化系统的设计中，既要避免被外界干扰，又要考虑系统自身内部的相互干扰，同时还要防止对环境的干扰污染。国家标准中规定了电子产品的电磁辐射(Electromagnetic Radiations)参数指标。

6.1　认识可靠性

1. 什么是可靠性

一般所说的"可靠性"指的是"可信赖的"或"可信任的"特性。对产品而言，可靠性越高就越好。可靠性高的产品可以长时间正常工作(这正是所有消费者需要得到的)；从专业术语上来说，就是产品的可靠性越高，产品可以无故障工作的时间就越长。

为了对产品可靠性做出具体和定量的判断，可将产品可靠性定义为在规定的条件下和规定的时间内，元器件(产品)、设备或者系统稳定完成功能的程度或性质。

因此，可靠性是指产品在规定的条件下和规定的时间内完成规定的功能的能力。

产品可靠性定义的要素是三个"规定"："规定条件""规定时间""规定功能"。

1) 规定条件

"规定条件"包括使用时的环境条件和工作条件；例如同一型号的汽车在高速公路和在崎岖的山路上行驶，其可靠性的表现就大不一样，要谈论产品的可靠性必须指明规定的条件是什么。

2) 规定时间

"规定时间"是指对产品规定的任务时间；随着产品任务时间的增加，产品出现故障的概率将增加，而产品的可靠性将是下降的。因此，谈论产品的可靠性离不开规定的任务时间。例如，一辆汽车刚刚开出其生产厂家，和用了 5 年后相比，后一种情况下汽车出故障的概率显然大了很多。

3) 规定功能

"规定功能"是指产品规定了的必须具备的功能及其技术指标。所要求产品功能的多少和其技术指标的高低，直接影响到产品可靠性指标的高低。例如，电风扇的主要功能有转叶、摇头、定时，那么规定的功能是三者都要，还是仅需要转叶能转动能够吹风即可，所得出的可靠性指标是大不一样的。

产品在设计、应用过程中，不断经受自身、外界气候环境及机械环境的影响，为了能够正常工作，就需要以试验设备对其进行验证，这个验证基本分为研发试验、试产试验、量产抽检三个部分。

产品实际使用的可靠性叫做工作可靠性。工作可靠性又可分为固有可靠性和使用可靠性。固有可靠性是产品设计制造者必须确立的可靠性，即按照可靠性规划，从原材料和零部件的选用，经过设计、制造、试验，直到产品出产的各个阶段所确立的可靠性。使用可靠性是指已生产的产品，经过包装、运输、储存、安装、使用、维修等因素影响后的可靠性。

2. 增强可靠性的主要措施

机电设备的可靠性可用可靠度 R 来表示，见下式：

$$R = R_1 \cdot R_2 \cdot R_3$$

上式中，R 为整个机电一体化设备的可靠度；R_1 为机械部件的可靠度；R_2 为电气部件的可靠度；R_3 为机电接口的可靠度。

由此可见，为了提高整个机电一体化设备的可靠性，必须对其各组成部分进行分析，提高各组成部分的可靠性，找出薄弱环节，改善设计方法，合理配置结构，必要时对重要部分可以采用冗余设计。

提高可靠性的措施可以有：对元器件加强筛选；使用容错法设计(使用冗余技术)；重要系统或器件备份；使用故障诊断技术等。

机电一体化设备的可靠性还可通过提高机械运行精度、提高部件的加工精度、提高系统的控制精度等来获得提高。可采用精密机械改造传统机械，电路控制部分可用 PLC(可编程控制器)代替传统的继电器接触控制，或采用先进的 NC(数字控制)、PC(计算机控制)代替传统控制方法等。

3. 可靠性要素

可靠性包含了耐久性、可维修性、设计可靠性三大要素。

1) 耐久性

产品使用无故障性或使用寿命长就是耐久性。例如，当空间探测卫星发射后，人们希望它能无故障地长时间工作。否则，它的存在就没有太多的意义了，但从某一个角度来说，任何产品不可能百分之百地不发生故障。

2) 可维修性

当产品发生故障后，能够很快很容易地通过维护或维修排除故障，就是可维修性。像自行车、电脑等都是容易维修的，而且维修成本也不高，能够很快地排除故障，这些都是事后维护或者维修。而像飞机、汽车都是价格很高的产品，而且人们对其安全可靠性的要求也非常高，对于这类产品，一般通过日常的维护和保养来大大延长它的使用寿命和可靠性，这是预防维修。产品的可维修性与产品的结构有很大的关系，即与设计可靠性有关。

3) 设计可靠性

设计可靠性是决定产品质量的关键，由于人-机系统的复杂性，以及人在操作中可能存在的差错和操作使用环境中各种因素的影响，产品发生错误的可能性依然存在，所以设计的时候必须充分考虑产品的易使用性和易操作性，这就是设计可靠性。一般来说，产品越容易操作，其发生人为失误或其他问题造成的故障和安全问题的可能性就越小。从另一个角度来说，如果发生了故障或者出现了安全性问题，采取必要的处理措施和预防措施就非常重要。例如汽车发生了碰撞后有气囊保护。

4. 可靠性评价

可靠性评价可以使用概率指标或时间指标，这些指标有可靠度、失效率、平均无故障工作时间、平均失效前时间、有效度等。

典型的失效率变化曲线形似浴盆，常称浴盆曲线(Bathtub Curve)，如图 6-5 所示，其分为三个阶段：早期故障区、偶然故障区、耗损故障区。早期故障区的失效率为递减形式，即新产品失效率很高，但经过磨合期，失效率会迅速下降。偶然故障区的失效率为一个平稳值，意味着产品进入了一个稳定的使用期。耗损故障区的失效率为递增形式，即产品进入老年期，失效率呈递增状态，这一时期产品需要更新换代。

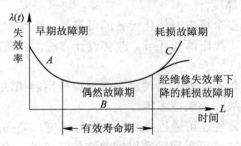

图 6-5　产品的失效率浴盆曲线

5. 机电一体化系统电子装置可靠性

首先是电子产品的复杂程度在不断增加，导致可靠性问题的日显重要。有资料显示，机电一体化产品的可靠性问题超过 70%是出在电子装备或系统上。电子设备复杂程度的显著标志是所需元器件数量的多少。而电子设备的可靠性决定于所用元器件的可靠性，因为电子设备中的任何一个元器件、任何一个焊点发生故障都将导致系统发生故障。一般说来，电子设备所用的元器件数量越多，其可靠性问题就越严重，为保证设备或系统能可靠地工作，对元器件可靠性的要求就非常高、非常苛刻。

其次，电子设备的使用环境日益严酷，现已从实验室到野外，从热带到寒带，从陆地到深海，从高空到宇宙空间，经受着不同的环境条件。除温度、湿度影响外，海水、盐雾、冲击、振动、宇宙粒子、各种辐射等对电子元器件的影响，导致产品失效的可能性增大。

最后，电子设备的装置密度不断增加。从第一代电子管产品进入第二代晶体管，现已从小、中规模集成电路进入到大规模和超大规模集成电路，电子产品正朝小型化、微型化方向发展，其结果是导致装置密度的不断增加，从而使内部温升增高，散热条件恶化。而电子元器件将随环境温度的增高，其可靠性降低，因而元器件的可靠性引起人们的极大重视。

可靠性已经列为产品的重要质量指标加以考核和检验。产品的技术性能指标仅仅能够作为衡量产品质量好坏的标志之一，还不能反映产品质量的全貌。必须同时将可靠性指标一并列入质量指标才是完整的。因为，如果产品不可靠，即使其技术性能再好也得不到发挥。从某种意义上说，可靠性可以综合反映产品的质量。

6.2 认识抗干扰技术

干扰是指对系统的正常工作产生不良影响的内部或外部因素。

机电一体化系统的干扰因素包括电磁干扰，温度干扰、湿度干扰、声波干扰和振动干扰等。在众多干扰中，电磁干扰最为普遍，且对控制系统影响最大，而其他干扰因素往往可以通过一些物理的方法较容易地解决。

电磁干扰是指在工作过程中受环境因素的影响，出现的一些与有用信号无关的、并且对系统性能或信号传输有害的电气变化现象。这些有害的电气变化现象使得信号的数据发生瞬态变化，增大误差，出现假象，甚至使整个系统出现异常信号而引起故障。例如传感器的导线受空中磁场影响产生的感应电势会大于测量的传感器输出信号，使系统判断失灵。

1. 形成干扰的三个要素

形成干扰的三个要素为干扰源、传播途径、接收载体。

1) 干扰源

产生干扰信号的设备被称为干扰源，如变压器、继电器、微波设备、电动机、无绳电话和高压电线等都可以产生空中电磁信号。当然，雷电、太阳和宇宙射线都属于干扰源。

2) 传播途径

传播途径是指干扰信号的传播路径。电磁信号在空中直线传播，具有穿透性的传播叫做辐射方式传播；电磁信号借助导线传入设备的传播被称为传导方式传播。传播途径是干扰无所不在的主要原因。

3) 接收载体

接收载体对干扰信号的接收过程又称为耦合，耦合分为两类，传导耦合和辐射耦合。传导耦合是指电磁干扰能量以电压或电流的形式通过金属导线或集总元件(如电容器、变压器等)耦合至接收载体。辐射耦合指电磁干扰能量通过空间以电磁场形式耦合至接收载体。

根据干扰的定义可以看出，信号之所以是干扰是因为它对系统会造成不良影响，反之，不能称其为干扰。从形成干扰的要素可知，消除三个要素中的任何一个，都可以避免干扰。抗干扰技术就是针对这三个要素的研究和处理。

2. 电磁干扰的种类

按照干扰的耦合模式分类，电磁干扰分为以下 5 种类型。

1) 静电干扰

大量物体表面都有静电电荷的存在，特别是含电气控制的设备，静电电荷会在系统中形成静电电场，静电电场会引起电路的电位发生变化，会通过电容耦合产生干扰，这就是静电干扰。静电干扰还包括电路周围物件上积聚的电荷对电路的泄放，大载流导体(输电线路)产生的电场通过寄生电容对机电一体化装置传输产生的网络干扰等。

2) 磁场耦合干扰

磁场耦合干扰指大电流周围磁场对机电一体化设备回路耦合形成的干扰。动力线、电动机、发电机、电源变压器和继电器等都会产生这种磁场。产生磁场干扰的设备往往同时伴随着电场的干扰，因此又统一称为电磁干扰。

3) 漏电耦合干扰

漏电耦合干扰是因绝缘电阻降低而由漏电流引起的干扰，多发生于工作条件比较恶劣的环境或器件性能退化、器件本身老化的情况下。

4) 共阻抗干扰

共阻抗干扰是指电路各部分公共导线阻抗、地阻抗和电源内阻压降相互耦合形成的干扰，这是机电一体化系统普遍存在的一种干扰。

如图 6-6 所示的串联接地方式，由于接地电阻的存在，三个电路的接地电位明显不同。当 I_1 (或 I_2、I_3)发生变化时，A、B、C 点的电位随之发生变化，导致各电路不稳定。

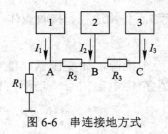

图 6-6　串联接地方式

如图 6-7 所示的串连接地，由于共有一根接地线，当接地点、接地方式选择不当，导致接地电阻较大，加上 I_1、I_2、I_3 电流变化较大时，同样会导致 A、B、C 点电位不相等，产生接地干扰。

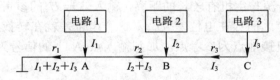

图 6-7　接地共阻抗干扰

5) 电磁辐射干扰

由各种大功率高频、中频发生装置，各种电火花以及电台、电视台等产生的高频电磁波向周围空间辐射，形成电磁辐射干扰。雷电和宇宙空间也会有电磁波干扰信号。

3. 干扰存在的形式

在电路中，干扰信号通常以串模干扰和共模干扰形式与有用信号一同传输。

1) 串模信号

串模干扰是叠加在被测信号上的干扰信号，也称横向干扰。产生串模干扰的原因有分布电容的静电耦合、长线传输的互感、空间电磁场引起的磁场耦合以及 50 Hz 的工频干扰等。

在机电一体化系统中，被测信号是直流(或变化比较缓慢的)信号，而干扰信号经常是一些杂乱的波形并含有尖峰脉冲，如图 6-8 所示。图 6-8 中 U_s 表示理想测试信号，U_c 表示实际传输信号，U_g 表示不规则干扰信号。干扰可能来自信号源内部[图 6-8(a)]，也可能来自导线的感应[图 6-8 (b)]。

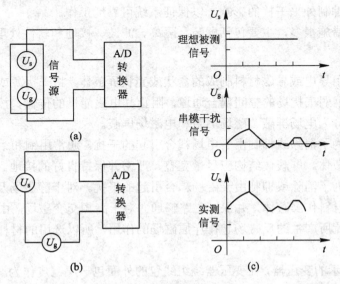

图 6-8　串模干扰示意图

2) 共模干扰

共模干扰往往是指同时加载在各个输入信号接口端的共有的信号干扰。在图 6-9 所示电路中，检测信号输入 A/D 转换器，A/D 转换器的两个输入端上即存在公共的电压干扰。由于输入信号源与主机有较长的距离，输入信号 U_s 的参考接地点和计算机控制系统输入端参考接地点之间存在电位差 U_{cm}，这个电位差就在转换器的两个输入端上形成共模干扰。以计算机接地点为参考点，加到输入点 A 上的信号为 U_s+U_{cm}，加到输入点 B 上的信号为 U_{cm}。

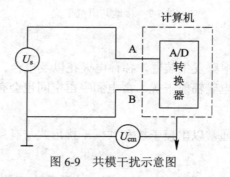

图 6-9　共模干扰示意图

4. 一般抗干扰的措施

提高抗干扰的措施最理想的方法是抑制干扰源，使其不向外产生干扰或将其干扰影响限制在允许的范围之内。由于车间现场干扰源的复杂性，要想对所有的干扰源都做到使其不向外产生干扰，几乎是不可能的，也是不现实的。另外，来自电网和外界环境的干扰以及机电一体化产品用户环境的干扰源也是无法避免的。因此，在产品开发和应用中，除了对一些重要的干扰源，主要是对被直接控制的对象上的一些干扰源进行抑制外，更多的则是在产品内设法抑制外来干扰的影响，以保证系统可靠地工作。

抑制干扰的措施很多，主要包括屏蔽、隔离、滤波、接地和软件处理等方法。

1) 屏蔽

屏蔽是指利用导电或导磁材料制成的盒状或壳状屏蔽体，将干扰源或干扰对象包围起来，从而割断或削弱干扰场的空间耦合通道，阻止其电磁能量的传输。按需屏蔽的干扰场的性质不同，可分为电场屏蔽、磁场屏蔽和电磁场屏蔽。

电场屏蔽是为了消除或抑制由于电场耦合引起的干扰。通常用铜和铝等导电性能良好的金属材料作屏蔽体。屏蔽体结构应尽量完整、严密并保持良好的接地。

磁场屏蔽是为了消除或抑制由于磁场耦合引起的干扰。对于静磁场及低频交变磁场，可用高磁导率的材料作屏蔽体，并保证磁路畅通。对于高频交变磁场，由于主要靠屏蔽体壳体上感生的涡流所产生的反磁场起排斥原磁场的作用，所以选用的材料也是良导体，如铜、铝等。

如图 6-10 所示的变压器，在变压器绕组线包的外面包一层铜皮作为漏磁短路环。当漏磁通穿过短路环时，在铜环中感生涡流，因此会产生反磁通以抵消部分漏磁通，使变压器外的磁通减弱。屏蔽的效果与屏蔽层数量和每层厚度有关。

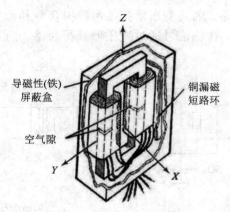

图 6-10　变压器的屏蔽

在如图 6-11 所示的同轴电缆中，为防止信号在传输过程中受到电磁干扰，在电缆线中设置了屏蔽层。芯线电流产生的磁场被局限在外层导体和芯线之间的空间中，不会传播到同轴电缆以外的空间。而电缆外的磁场干扰信号在同轴电缆的芯线和外层导体中产生的干扰电势方向相同，使电流一个增大、一个减小而相互抵消，总的电流增量为零。许多通信电缆还在外面包裹一层导体薄膜以提高屏蔽外界电磁干扰的作用。

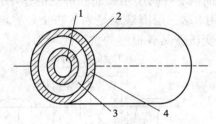

图 6-11　同轴电缆示意图

1—芯线；2—绝缘体；3—外层导体；4—绝缘外皮

2) 隔离

隔离是指把干扰源与接收系统隔离开来，使有用信号正常传输，而干扰耦合通道被切断，达到抑制干扰的目的。常见的隔离方法有光电隔离、变压器隔离和继电器隔离等方法。

(1) 光电隔离。

光电隔离是以光作为媒介在隔离的两端之间进行信号传输，所用的器件是光电耦合器。由于光电耦合器在传输信息时不是将其输入和输出的电信号进行直接耦合，而是借助于光作为媒介物进行耦合，因此具有较强的隔离和抗干扰能力。图 6-12(a)所示为一般光电耦合器组成的输入/输出线路。在控制系统中，它既可以用作一般输入/输出信号的隔离，也可以代替脉冲变压器起线路隔离与脉冲放大作用。由于光电耦合器具有二极管、三极管的电气特性，使它能方便地组合成各种电路。又由于它靠光耦合传输信息，使它具有很强的抗电磁干扰的能力，从而在机电一体化产品中获得了极其广泛的应用。

(2) 变压器隔离。

对于交流信号的传输，一般使用变压器隔离干扰信号的办法。隔离变压器也是常用的隔离部件，用来阻断交流信号中的直流干扰和抑制低频干扰信号的强度。如图 6-12(b)

所示为变压器耦合隔离电路。隔离变压器把各种模拟负载和数字信号源隔离开来，也就是把模拟地和数字地断开。传输信号通过变压器获得通路，而共模干扰由于不形成回路而被抑制。

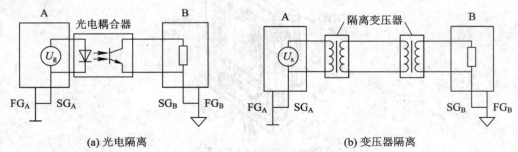

图 6-12　光电隔离和变压器隔离原理

图 6-13 所示为一种带多层屏蔽的隔离变压器。当含有直流或低频干扰的交流信号从一次侧端输入时，根据变压器原理，二次侧端输出的信号滤掉了直流干扰，且低频干扰信号幅值也被大大衰减，从而达到了抑制干扰的目的。另外，在变压器的一次侧和二次侧线圈外设有静电隔离层 S_1 和 S_2，其目的是防止一次和二次绕组之间的相互耦合干扰。变压器外的三层屏蔽密封体的内、外两层用铁起磁屏蔽的作用；中间层用铜，与铁心相连并直接接地，起静电屏蔽作用。这三层屏蔽层是为了防止外界电磁场通过变压器对电路形成干扰而设置的，这种隔离变压器具有很强的抗干扰能力。

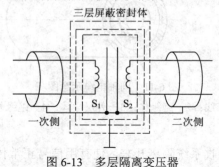

图 6-13　多层隔离变压器

(3) 继电器隔离。

继电器线圈和触点仅有机械上的联系，而没有直接的电的联系，因此可利用继电器线圈接收电信号，而利用其触点控制和传输电信号，从而可实现强电和弱电的隔离(如图 6-14 所示)。同时，继电器触点较多，且其触点能承受较大的负载电流，因此继电器应用非常广泛。

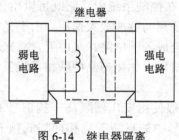

图 6-14　继电器隔离

实际使用中，继电器隔离只适合于开关量信号的传输。系统控制中，常用弱电开关信号控制继电器线圈，使继电器触电闭合和断开。而对应于线圈的触点，则用于传递强电回路的某些信号。隔离用的继电器主要是一般小型电磁继电器或干簧继电器。

3) 滤波

滤波是抑制干扰传导的一种重要方法。由于干扰源发出的电磁干扰的频谱往往比要接收到的信号的频谱宽得多，因而当接收器接收有用信号时，也会接收到一些不希望有的干扰。这时可以采用滤波的方法，只让所需要的频率成分通过，而将干扰频率成分加以抑制。

常用滤波器根据其频率特性又可分为低通、高通、带通、带阻滤波器。低通滤波器只让低频成分通过，而高于截止频率的成分则受到抑制、衰减，不让通过。高通滤波器只通过高频成分，而低于截止频率的成分则受到抑制、衰减，不让通过。带通滤波器只让某一频带范围内的频率成分通过，而低于下截止频率和高于上截止频率的成分均受到抑制，不让通过。带阻滤波器只抑制某一频率范围内的频率成分，不让其通过，而低于下截止频率和高于上截止频率的频率成分则可通过。

在机电一体化系统中，常用低通滤波器抑制由交流电网侵入的高频干扰。图 6-15 所示为计算机电源采用的一种 LC 低通滤波器的接线图。含有瞬间高频干扰的 220 V 工频电源通过截止频率为 50 Hz 的滤波器其高频信号被衰减，只有 50 Hz 的工频信号通过滤波器到达电源变压器，保证正常供电。

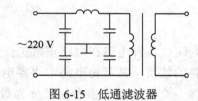

～220 V

图 6-15　低通滤波器

在图 6-16 所示电路中，图(a)所示为触点抖动抑制电路，对抑制各类触点或开关在闭合或断开瞬间因触点抖动所引起的干扰是十分有效的。图(b)所示电路是交流信号抑制电路，主要用于抑制电感性负载在切断电源瞬间所产生的反电势。这种阻容吸收电路可以将电感线圈的磁场释放出来的能量转化为电容器电场的能量储存起来，以降低能量的消散速度。图(c)所示电路是输入信号的阻容滤波电路，类似这种电路既可作为直流电源的输入滤波器，也可作为模拟电路输入信号的阻容滤波器。

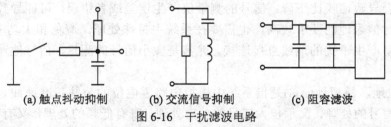

(a) 触点抖动抑制　　　　　(b) 交流信号抑制　　　　　(c) 阻容滤波

图 6-16　干扰滤波电路

如图 6-17 所示为一种双 T 形带阻滤波器，可用来消除工频(电源)串模干扰。图中输入信号 U_1，经过两条通路送到输出端。当信号频率较低时，C_1、C_2 和 C_3 阻抗较大，信号主要通过 R_1、R_2 传送到输出端；当信号频率较高时，C_1、C_2 和 C_3 容抗很小，接近短路，所以信号主要通过 C_1、C_2 传送到输出端。只要参数选择得当，就可以使滤波器在某个中间频率 f_0 时，由 C_1、C_2 和 R_3 支路传送到输出端的信号 U_2，与由 R_1、R_2 和 C_3 支路传送到输出端的信号 U_1 大小相等、相位相反，互相抵消，于是总输出为零。f_0 为双 T 形带阻滤波器的谐振频率。在参数设计时，使 $f_0=50\ \text{Hz}$，双 T 形带阻滤波器就可滤除工频干扰信号。

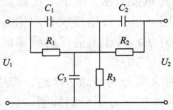

图 6-17　双 T 形带阻滤波器

5. 正确接地在抗干扰中的作用

接地的目的有两个，一是为保护人身和设备安全，避免雷击、漏电、静电等危害。此类地线称为保护地线，应与真正大地连接。二是为了保证设备的正常工作，如直流电源常需要有一极接地，作为参考零电位。信号传输也常需要有一根线接地，作为基准电位，传输信号的大小与该基准电位相比较。另外，对设备进行屏蔽时在很多情况下只有与接地相结合，才能具有应有的效果。因此接地系统又分为保护地线、工作地线、地环路和屏蔽接地 4 种。

1) 地的分类

工程师在设计电路时，为防止各种电路在电路正常工作中产生互相干扰，使之能相互兼容并有效工作，根据电路的性质，常常将电路中"零电位"——地"分为不同的种类，比如按交直流分为直流地、交流地，按参考信号分为数字地(逻辑地)、模拟地，按功率分为信号地、功率地、电源地等，按与大地的连接方式分为系统地、机壳地(屏蔽地)、浮地。不同的接地方式在电路中的应用、设计和考虑也不相同，应根据具体电路分别进行设置。

(1) 信号地。信号地(SG)是指各种物理量的传感器和信号源零电位以及电路中信号的公共基准地线(相对零电位)。此处信号一般指模拟信号或者能量较弱的数字信号，易受电源波动或者外界因素的干扰，导致信号的信噪比(SNR)下降。特别是模拟信号，信号地的漂移会导致信噪比下降；信号的测量值产生误差或者错误，可能导致系统设计的失败。因此对信号地的要求较高，也需要在系统中特殊处理，避免和大功率的电源地、数字地以及易产生干扰的地线直接连接。尤其是微小信号的测量，信号地通常需要采取隔离技术。

(2) 模拟地。模拟地(AG)是指系统中模拟电路零电位的公共基准地线。由于模拟电路既承担小信号的处理，又承担大信号的功率处理；既有低频的处理，又有高频的处理；模拟量从能量、频率、时间等都有很大的差别，因此模拟电路既易接受干扰，又可能产生干扰。

所以对模拟地的接地点的选择和接地线的敷设更要充分考虑。减小地线的导线电阻，将电路中的模拟和数字分开，在 PCB 布线的时候，模拟地和数字地应尽量分开，最后通过电感滤波和隔离汇接到一起。如图 6-18 所示为模拟地和数字地。

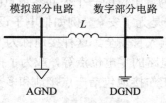

图 6-18　模拟地和数字地

(3) 数字地。数字地(DG)是指系统中数字电路零电位的公共基准地线。由于数字电路工作在脉冲状态，特别是脉冲的前后沿较陡或频率较高时，会在电源系统中产生比较大的毛刺，易对模拟电路产生干扰。所以对数字地的接地点的选择和接地线的敷设也要充分考虑。尽量将电路中的模拟和数字部分分开，在 PCB 布线的时候，模拟地和数字地应尽量分开，最后通过电感汇接到一起。

(4) 悬浮地。悬浮地(FG)是指系统中部分电路的地与整个系统的地不直接连接，而是通过变压器耦合或者直接不连接，处于悬浮状态。该部分电路的电平是相对于自己"地"的电位。悬浮地常用在小信号的提取系统或者强电和弱电的混合系统中。

悬浮地的优点是电路不受系统中电气和干扰的影响；其缺点是电路易受寄生电容的影响，而使电路的地电位变动，增加对模拟电路的感应干扰。由于该电路的地与系统的地没有连接，易产生静电积累而导致静电放电，可能造成静电击穿或强烈的干扰，因此，悬浮地的效果不仅取决于悬浮地绝缘电阻的大小，而且取决于悬浮地寄生电容的大小和信号的频率。

在图 6-19 所示的 V_{DD}-SGND 的电源供电系统中，所有工作点相对的地都是 SGND，但是 SGND 和 DGND 之间的电平处于悬浮状态，V_{DD}-SGND 的电源供电系统与整个系统的连接完全通过变压器耦合。这里设计的时候需要注意信号的连接方式。

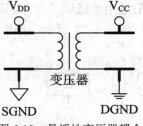

图 6-19　悬浮地变压器耦合

(5) 电源地。电源地是指系统电源零电位的公共基准地线。由于电源往往同时供电给系统中的各个单元，而各个单元要求的供电性质和参数可能有很大差别，因此既要保证电源稳定可靠地工作，又要保证其他单元稳定可靠地工作。同时，电源系统功耗比较大，在单层板或者双层板中地线的线宽必须加粗。若在多层板中，则应以一层或者多层作为系统的地平面。

(6) 功率地。功率地是指负载电路或功率驱动电路的零电位的公共基准地线。由于负载电路或功率驱动电路的电流较强、电压较高，所以功率地线上的干扰较大，因此功率地必须与其他弱电地分别设置、分别布线，以保证整个系统稳定可靠地工作。

将电路、设备机壳等与作为零电位的一个公共参考点(大地)实现低阻抗的连接，称之为接地。接地的目的有两个：一是为了安全，例如把电子设备的机壳、机座等与大地相接，当设备中存在漏电时，不致影响人身安全。这种接地称为安全接地；二是为了给系统提供一个基准电位，例如脉冲数字电路的零电位点等，或为了抑制干扰而采用的屏蔽接地等方式。这种接地称为工作接地。工作接地包括一点接地和多点接地两种方式。

2) 一点接地

如图 6-6 所示为串联一点接地，由于地电阻 R_1、R_2 和 R_3 是串联的，所以各电路间将相互发生干扰。虽然这种接地方式很不合理，但由于比较简单，用的地方仍然很多。当各电路的电平相差不大时还可勉强使用；但当各电路的电平相差很大时就不能使用，因为高电平将会产生很大的地电流并干扰到低电平电路中去。使用这种串联一点接地方式时还应注意把低电平的电路放在距接地点最近的地方，即图 6-6 中最接近地电位的 A 点上。

如图 6-20 所示是并联一点接地方式。这种方式在低频时是最适用的，因为各电路的地电位只与本电路的地电流和地线阻抗有关，不会因地电流而引起各电路间的耦合。这种方式的缺点是需要连接很多根地线，用起来比较麻烦。

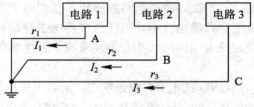

图 6-20　并联一点接地

3) 多点接地

多点接地所需地线较多，一般适用于低频信号。若电路工作频率较高，电感分量大，各地线间的互感耦合会增加干扰。如图 6-21 所示，各接地点就近接于接地汇流排或底座、外壳等金属构件上。

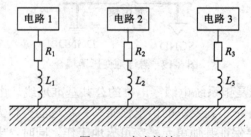

图 6-21　多点接地

4) 地线的设计

机电一体化系统设计时要综合考虑各种地线的布局和接地方法。图 6-22 所示是一台数控机床的接地方法。

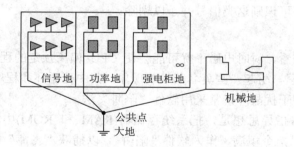

图 6-22　数控机床的接地

从图 6-22 中可以看出，接地系统形成 3 个通道：信号接地通道，将所有小信号、逻辑电路的信号、灵敏度高的信号的接地点都接到信号地通道上；功率接地通道，将所有大电流、大功率部件、晶闸管、继电器、指示灯、强电部分的接地点都接到这一地线上；机械接地通道，将机柜、底座、面板、风扇外壳、电动机底座等机床接地点都接到这一地线上，此地线又称安全地线通道。将这三个通道再接到总的公共接地点上，公共接地点与大地接触良好，一般要求地电阻小于 4～7 Ω，并且数控柜与强电柜之间有足够粗的保护接地电缆，如截面积为 5.5～14 mm^2 的接地电缆。因此，这种地线接法有较强的抗干扰能力，能够保证数控机床的正常运行。

6. 软件抗干扰设计

软件抗干扰技术是当系统受到干扰时，使系统恢复正常运行或输入信号受干扰后去伪存真的一种辅助方法，属于一种被动抗干扰措施。软件抗干扰措施设计灵活，节省硬件资源，操作方便易行。机电一体化系统(装置)常见的软件抗干扰措施有软件滤波、软件陷阱和软件看门狗等。

1) 软件滤波

所谓软件滤波，就是通过一定的计算或判断程序，减少干扰在有用信号中的比重，实质上是通过程序来滤波。与模拟滤波器相比，软件滤波的优点主要有：

① 软件滤波是通过程序实现的，不需要增加硬件设备，可靠性和稳定性较高。

② 软件滤波可以对频率很低(如 0.01Hz)的信号实现滤波。

③ 软件滤波可以根据信号的不同，采用不同算法的滤波方式，灵活、方便且功能性强。软件滤波的主要算法有算术平均值法、中位值滤波法、限幅滤波法和惯性滤波等。

识别信号的原则有 3 种：

• 时间原则。如果掌握了有用信号和干扰信号在时间上出现的规律，在程序设计上就可以在接收有用信号的时区打开输入口，而在可能出现干扰信号的时区封闭输入口，从而滤掉干扰信号。

• 空间原则。在程序设计上为保证接收到的信号正确无误，可将从不同位置、用不同检测方法、经不同路线或不同输入口接收到的同一信号进行比较，根据既定逻辑关系来判断真伪，从而滤掉干扰信号。

　　• 属性原则。有用信号往往是在一定幅值或频率范围内的信号，当接收的信号远离该信号区时，通过软件可识别这类信号并予以剔除。

　　2) 软件"陷阱"

　　从软件的运行来看，瞬时电磁干扰可能会使 CPU 偏离预定的程序指针，进入未使用的 RAM 区和 ROM 区，引起一些莫名其妙的现象，其中死循环和程序"飞掉"是常见的。为了有效地排除这种干扰故障，常采用软件"陷阱"法。

　　这种方法的基本指导思想是，把系统存储器(RAM 和 ROM)中没有使用的单元用某一种重新启动的代码指令填满，作为软件"陷阱"，以捕获"飞掉"的程序。一般当 CPU 执行该条指令时，程序就自动转到某一起始地址，从这一起始地址开始存放一段使程序重新恢复运行的热启动程序，该热启动程序扫描现场的各种状态，并根据这些状态判断程序应该转到系统程序的哪个入口，使系统重新投入正常运行。

　　3) 软件"看门狗"

　　"看门狗"(WATCHDOG)就是用硬件(或软件)的办法使用监控定时器定时检查某段程序或接口，当超过一定时间系统没有检查这段程序或接口时，可以认定系统运行出错(干扰发生)，可通过软件进行系统复位或按事先预定的方式运行。"看门狗"，是工业控制机普遍采用的一种软件抗干扰措施。当侵入的尖锋电磁干扰使计算机"程序飞掉"时，WATCHDOG 能够帮助系统自动恢复正常运行。

　　对于机电一体化系统(装置)中常用的单片机嵌入式系统，根据多年系统设计和运行维护经验，需要重点考虑输入输出端软件抗干扰技术。

　　输入信号的干扰是叠加在有效电平上的一系列离散尖脉冲，作用时间短，多呈毛刺状，因此在采集信号时可以重复采集，直到若干次采样结果一致为止。对于重要开关量输入信号的检测，实际应用中一般采用多次重复检测的方法。若多次测试结果不一致，即可以停止检测并显示故障信息。

　　对于软件测量而言，输入量干扰大多数是叠加到有效信号上的一系列作用时间段的尖脉冲，但是频率不一致，因此在相邻的检测之间应有一定的时间间隔。理论上可以是等时间段的，而在实际使用过程中，由于外部环境比较复杂，等时间段只能滤除某个频段的干扰，为了滤除尽可能多的干扰，间隔时间应为不等的时间段。需要注意的是，对于软件时序要求比较严格的场合，延时查询时间不宜过长。

　　输出端口的抗干扰方法可采用数据刷新的方法。数据刷新是为防止输出口的状态发生改变，在程序中周期性地添加输出端口刷新指令的方法，从而可以降低干扰对输出口状态的影响，这是提高输出端口稳定性的有效措施之一。

7. 提高系统抗干扰能力的措施

　　从整体和逻辑线路设计上提高机电一体化产品的抗干扰能力是系统整体设计的指导思想，这对提高系统的可靠性和抗干扰性能关系极大。对于一个新设计的系统，如果把抗干扰性能作为一个重要的问题来考虑，则系统投入运行后，抗干扰能力就强。反之，若等到设备到达现场发现问题才来修修补补，往往就会事倍功半。因此，在总体设计阶段，有如下几个方面必须引起特别重视。

1) 逻辑设计力求简单可靠

对于一个具体的机电一体化产品，在满足生产工艺控制要求的前提下，逻辑设计应尽量简单，以便节省元件，方便操作。因为在元器件质量已定的前提下，整体中所用到的元器件数量越少，系统在工作过程中出现故障的概率就越小，亦即系统的稳定性越高。但值得注意的是，对于一个具体的线路，必须扩大线路的稳定储备量，留有一定的负载容度。因为线路的工作状态是随电源电压、温度、负载等因素的大小而变的。当这些因素由额定情况向线路性能恶化方向变化，最后导致线路不能正常工作时，这个范围称为稳定储备量。此外，工作在边缘状态的线路或元件最容易接受外界干扰而导致故障。因此，为了提高线路的带负载能力，应考虑留有负载容度。比如一个 TTL 集成门电路的负载能力是可以带 8 个左右同类型的逻辑门的，但在设计时，一般最多只考虑带 5～6 个门，以便留有一定裕度。

2) 硬件自检测和软件自恢复的设计

由于干扰引起的误动作多是偶发性的，因而应采取某种措施使这种偶发的误动作不致直接影响系统的运行。因此，在总体设计上必须设法使干扰造成的故障能够尽快恢复正常。通常的方式是在硬件上设置某些自动监测电路，这主要是为了对一些薄弱环节加强监控，以便缩小故障范围，增强整体的可靠性。在硬件上常用的监控和误动作检出方法有数据传输的奇偶检验(如输入电路有关代码的输入奇偶校验)、存储器的奇偶校验，以及运算电路、译码电路和时序电路的有关校验等。

从软件的运行来看，瞬时电磁干扰会影响堆栈指针 SP、数据区或程序计数器的内容，使 CPU 偏离预定的程序指针，进入未使用的 RAM 区和 ROM 区，引起一些如死机、死循环和程序"飞掉"等现象。因此，要合理设置软件"陷阱"和"看门狗"并在检测环节进行数字滤波(如粗大误差处理)等。

3) 从安装和工艺等方面采取措施以消除干扰

(1) 合理选择接地。

许多机电一体化产品从设计思想到具体电路原理都是比较完美的，但它们在工作现场却经常无法正常工作，暴露出许多由于工艺安装不合理带来的问题，从而使系统容易接受干扰。对此，必须引起足够的重视，如在选择正确的接地方式方面考虑交流接地点与直流接地点分离；保证逻辑地浮空(即控制装置的逻辑地和大地之间不用导体连接)；保证机身、机柜的安全地的接地质量；分离模拟电路的接地和数字电路的接地等。

(2) 合理选择电源。

合理选择电源对系统的抗干扰也是至关重要的。电源是引进外部干扰的重要来源。实践证明，通过电源引入的干扰噪声是多途径的，如控制装置中各类开关的频繁闭合或断开，各类电感线圈(包括电动机、继电器、接触器以及电磁阀等)的瞬时通断，晶闸管电源及高频、中频电源等系统中开关器件的导通和截止等都会引起干扰，这些干扰幅值可达瞬时千伏级，而且占有很宽的频率。显而易见，要想完全抑制如此宽频带范围的干扰，必须对交流电源和直流电源同时采取措施。

大量实践表明，采用压敏电阻和低通滤波器可使频率范围在 20 kHz～100 MHz 的干扰大大衰减。采用隔离变压器和电源变压器的屏蔽层可以消除 20 kHz 以下的干扰，而为了消除交流电网电压缓慢变化对控制系统造成的影响，可采取交流稳压等措施。

对于直流电源通常要考虑尽量加大电源功率容限和电压调整范围。为了使装备能适应负载在较大范围变化和防止通过电源造成内部噪声干扰，整机电源必须留有较大的储备量，并有较好的动态特性。习惯上一般选取 0.5～1 倍的余量。另外，尽量采用直流稳压电源。直流稳压电源不仅可以进一步抑制来自交流电网的干扰，而且还可以抑制由于负载变化所造成的电路直流工作电压的波动。

(3) 合理布局。

对机电一体化设备及系统的各个部分进行合理的布局，能有效地防止电磁干扰的危害。合理布局的基本原则是使干扰源与干扰对象尽可能远离，输入和输出端口妥善分离，高电平电缆及脉冲引线与低电平电缆分别敷设等。

在企业环境的各设备之间也存在合理布局问题。不同设备对环境的干扰类型、干扰强度不同，抗干扰能力和精度也不同，因此，在设备位置布置上要考虑设备分类和环境处理，如精密检测仪器应放置在恒温环境，并远离有机械冲击的场所，弱电仪器应考虑工作环境的电磁干扰强度等。

一般来说，除了上述方案以外，还应在安装、布线等方面采取严格的工艺措施，如布线上注意整个系统导线的分类布置，接插件的可靠安装与良好接触，注意焊接质量等。实践表明，对于一个具体的系统，如果工艺措施得当，不仅可以大大提高系统的可靠性和抗干扰能力，而且还可以弥补某些设计上的不足之处。对机电一体化设备及系统的各个部分进行合理的布局，能有效地防止电磁干扰的危害。

练 习 题

1. 简述干扰的三个组成要素。
2. 简述电磁干扰的种类。
3. 简述干扰对机电一体化系统的影响。
4. 分析在机电一体化系统中常用的抗干扰措施。
5. 什么是屏蔽技术？屏蔽技术有哪些分类？
6. 机电一体化系统中常见的隔离方法有哪些？
7. 什么是接地？常用的接地方法有哪些？各有什么优缺点？
8. 在机电一体化系统中怎样利用软件进行抗干扰？
9. 简述提高机电一体化系统抗干扰能力的措施。
10. 机电一体化系统中的计算机接口电路通常使用光电耦合器，请问光电耦合器的作用有哪些？控制系统接地通常要注意哪些事项？
11. 试举你身边机电一体化产品中应用抗干扰措施的例子并分析之。
12. 我国强制进行机电产品的"3C"认证，"3C"认证的含义是什么？有什么意义？
13. 为什么国家严令禁止个人和集体私自使用大功率无绳电话？
14. 请解释收音机(或电台)的频道(信号)接收的工作原理。
15. 什么是工频？工频滤波的原理是什么？

学 习 评 价

根据个人实际填写下表，进行自我学习评价。

学习评价表

序号	主要内容	考 核 要 求	配分	得分
1	认识可靠性	1. 能完整陈述可靠性的定义及其三个"规定"； 2. 可以回答出可靠性的三要素； 3. 能说出增强可靠性的主要措施； 4. 可以清晰介绍提高系统可靠性的途径和方法； 5. 能粗略地说出机电一体化系统电子装置的可靠性状况	50	
2	抗干扰技术	1. 可简单讲述电磁干扰的种类、传播途径及对应的防护措施； 2. 在实际系统电路中，能采用相应的抗干扰技术以及基本应用电路； 3. 知道机电一体化 3 个设备中所采用的抗电磁干扰技术和抑制干扰的方法	50	
备注			自评 得分	

第 7 章

典型机电一体化系统(产品)分析

(1) 了解典型的机电一体化设备或产品的基本工作原理;
(2) 了解机电一体化技术在典型产品中的作用;
(3) 理解机电一体化系统组成要素的作用。

(1) 能识别出机电一体化设备或产品,区分出其系统组成要素;
(2) 能分析出相关技术在机电一体化设备或产品中的作用;
(3) 会简单分析机电一体化设备或产品的工作过程。

7.1 了解数控机床

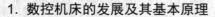 案例导入

随着航空、航海、汽车、智能家电等产业的发展,各种复杂零件不断涌现(如图 7-1 所示),伴随而生的是对各种新型材料、加工方法、工艺的要求不断提高,而传统的加工设备已无法满足这些构件的加工需求,故数控机床就应运而生了。

1. 数控机床的发展及其基本原理

1) 数控机床的发展

图 7-1　复杂零件

数控,即数字控制(Numerical Control, NC)。数控技术,即 NC 技术,是指用数字化信息(数字量及字符)发出指令并实现自动控制的技术,是近代发展起来的一种自动控制技术。目前,数控技术已经成为现代制造技术的基础支撑,数控技术和数控装备是制造业现代化的重要基础。这个基础是否牢固直接影响到一个国家的经济发展和综合国力,关系到一个国家的战略地位。因此,世界上各个经济发达国家均采取重大措施来发展自己的数控技术及其产业。

1952 年，麻省理工学院(MIT)在一台立式铣床上安装了一套试验性的数控系统，成功地实现了同时控制三轴的运动。这台数控机床被大家认为是世界上第一台数控机床，如图7-2 所示。不过这台机床是一台试验性机床。

图 7-2　世界上第一台数控机床

1954 年 11 月，在派尔逊斯专利的基础上，美国本迪克斯公司正式生产出第一台工业用的数控机床。

从 1960 年开始，其他一些工业国家，如德国、日本都陆续开发、生产及使用了数控机床。

数控机床的发展中，值得一提的是加工中心。这是一种具有自动换刀装置的数控机床，能实现工件一次装卡而进行多工序的加工。这种产品最初是在 1959 年 3 月，由美国卡耐-特雷克公司(Keaney & Trecker Corp.)开发出来的。这种机床在刀库中装有丝锥、钻头、铰刀、铣刀等刀具，根据穿孔带的指令自动选择刀具，并通过机械手将刀具装在主轴上，对工件进行加工。加工中心可缩短机床上零件的装卸时间和更换刀具的时间，现在已经成为数控机床中一种非常重要的品种，不仅有立式、卧式等用于箱体零件加工的镗铣类加工中心，还有用于回转整体零件加工的车削中心、磨削中心等。

现代数控机床正在向高速度、高精度、高可靠性、高一体化、网络和智能化等方向发展。

机床向高速化方向发展，可充分发挥现代刀具材料的性能，不但可大幅度提高加工效率，降低加工成本，而且还可提高零件的表面加工质量和加工精度。

精密加工正朝着超精密加工(特高精度加工)方向发展，其加工精度从微米级到亚微米级，乃至纳米级，应用范围日趋广泛。

数控机床的可靠性越来越高，当前国外数控装置的平均无故障运行时间(MTBF)值已达 6000 h 以上，驱动装置时间达 30 000 h 以上。

数控技术的智能化内容包括数控系统中的各个方面，主要涉及内容有：自适应控制，工艺参数自动生成；前馈控制，电动机参数的自适应运算，自动识别负载，自动选定模型，自整定；智能化的自动编程，智能化的人机界面；智能诊断，智能监控等方面。

从数控机床向柔性自动化系统发展的趋势是：从点(数控单机、加工中心和数控复合加工机床)、线(FMC、FMS、FTL、FML)向面(工段车间独立制造岛)、体(CIMS，即分布式网络集成制造系统)的方向发展。

2) 数控机床的基本原理

数控机床(Numerical Control Machine Tools)是指采用数字控制技术对机床加工过程进行自动控制的一类机床。国际信息处理联盟第五次技术委员会对数控机床作的定义是:"数控机床是一个装有程序控制系统的机床,该系统能够逻辑地处理使用代码或其他编码指令规定的程序。"它是集现代机械制造技术、自动控制技术及计算机信息技术于一体,采用数控装置或计算机来部分或全部地取代一般通用机床在加工零件时的各种动作(如启动、加工顺序、改变切削量、主轴变速、选择刀具、冷却液开停以及停车等)的人工控制的机床设备,是高效率、高精度、高柔性和高自动化的光、机、电一体化的数控设备。

简而言之,数控机床是一种装有程序控制系统的自动化机床。该控制系统能够逻辑地处理具有控制编码或其他符号指令规定的程序,并将其译码,从而使机床动作并加工零件。

2. 数控机床的构成

数控机床的原理框图如图 7-3 所示,实物结构如图 7-4 所示。

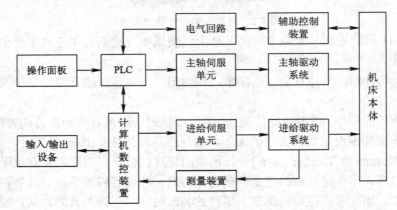

图 7-3　数控机床的原理框图

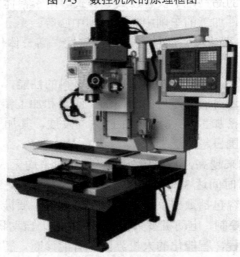

图 7-4　数控机床(铣床)

从上述图示可见,数控机床的基本组成部分有:机床本体、输入/输出设备、驱动装置、检测装置、辅助控制装置、计算机数控装置等。

1) 机床本体

数控机床的机床本体基本上和传统机床类似，主要由主轴传动装置、进给传动装置、床身、工作台以及辅助运动装置、液压气动系统、润滑系统、冷却装置等组成。由于数控加工的特点，数控机床在整体布局、外观造型、传动系统、刀具系统的结构以及操作机构等方面都已发生了很大的变化，以适应数控机床的加工要求和充分发挥数控机床的功能。

2) 输入/输出装置

输入装置的作用是将程序载体(信息载体)上的数控代码传递并存入数控系统内。根据控制存储介质的不同，输入装置可以是面板键盘等。

零件加工程序输入过程有两种不同的方式，一种是数控系统内存较小时，边读入边加工，加工速度比较慢。另一种是在数控系统内存足够大时，一次将零件加工程序全部读入数控装置内部的存储器，加工时再从内部存储器中逐段调出进行加工，这样的方式加工速度比较快。

数控机床加工程序可通过键盘用手工方式直接输入数控系统，也可由编程计算机串行口或网络通信方式传送到数控系统中。

输出指输出内部原始参数、故障诊断参数等工作参数，一般在机床刚开始工作时需输出这些参数并进行记录保存，待工作一段时间后，再将输出与原始资料作比较、对照，可帮助人们判断机床工作是否维持正常。

3) 驱动、执行和位置检测装置

驱动装置接受来自数控装置的指令信息，经功率放大后，严格按照指令信息的要求驱动机床移动部件，以加工出符合设计要求的零件。所以，驱动装置的伺服精度和动态响应性能是影响数控机床加工精度、质量和提高生产率的重要因素之一。

驱动装置包括控制器(含功率放大器)和执行机构两大部分。目前大都采用直流或交流伺服电动机作为执行机构。

位置检测装置将数控机床各坐标轴的实际位移量检测出来，经反馈系统输入到机床的数控装置之后，数控装置将反馈回来的实际位移量值与设定值进行比较，控制驱动装置按照指令设定值运动。

4) 辅助控制装置

辅助控制装置的主要作用是接收数控装置输出的开关量指令信号，经过编译、逻辑判别和运动，再经功率放大后驱动相应的电器，带动机床的机械、液压、气动等辅助装置完成指令规定的开关量动作。这些控制包括主轴驱动部件的变速、换向和启停指令，刀具的选择和交换指令，冷却、润滑装置的启动停止，工件和机床部件的松开、夹紧，分度工作台转位分度等开关辅助动作。

可编程逻辑控制器(PLC)技术已在工业控制领域广泛应用，由于 PLC 具有响应快、性能可靠、易于使用、编程和修改程序方便，以及在工业控制环境中的高抗干扰能力等特点，可直接作用于机床开关等控制电路，现已广泛应用于数控机床的辅助控制装置中。

5) 计算机数控装置

数控装置又称 CNC 单元，由信息的输入、处理和输出三个部分组成，是数控机床的核心。数控装置从内部存储器中取出或接收输入装置送来的一段或几段数控加工程序，经过数控装置的逻辑电路或系统软件进行编译、运算、译码、插补、逻辑处理后，输出各种控制信息和指令，控制机床各部分的工作，使伺服系统驱动执行部件进行规定的有序运动和动作。

(1) 什么是"插补"。

零件的轮廓图形往往由直线、圆弧或其他非圆弧曲线组成，刀具在加工过程中必须按零件形状和尺寸的要求进行运动，即按图形轨迹移动。但输入的零件加工程序只能是各线段的起点和终点坐标值等数据，不能满足要求，因此要进行轨迹插补，也就是在线段的起点和终点坐标值之间进行"数据点的密化"，求出一系列中间点的坐标值，并向相应坐标输出脉冲信号，控制各坐标轴(即进给运动的各执行元件)的进给速度、进给方向和进给位移量等。

(2) 程序编制及程序载体。

数控程序是数控机床自动加工零件的工作指令。在对加工零件进行工艺分析的基础上，确定零件坐标系在机床坐标系上的相对位置，即零件在机床上的安装位置、刀具与零件相对运动的尺寸参数，零件加工的工艺路线、切削加工的工艺参数，以及辅助装置的动作等。得到零件的所有运动、尺寸、工艺参数等加工信息后，用由文字、数字和符号组成的标准数控代码，按规定的方法和格式，编制零件加工的数控程序单。编制程序的工作可由人工进行；对于形状复杂的零件，则要在专用的编程机或通用计算机上进行自动编程(APT)或 CAD/CAM 设计。

编好的数控程序存放在便于输入到数控装置的一种存储载体上，它可以是磁盘、U 盘等，采用哪一种存储载体，取决于数控装置的设计类型。

图 7-5 所示为数控机床各组成部分工作示意图，从图中可以清晰地了解数控机床的工作原理。

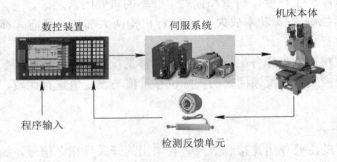

图 7-5　数控机床工作过程示意图

7.2　了解工业机器人

▶案例导入

如图 7-6 所示，汽车生产线是一种生产汽车流水作业的生产线，它包括焊接、冲压、涂装、动力总成等。现代的大型汽车制造企业均采用自动生产线，使得汽车生产的自动化水平大大提高。

图 7-6　汽车生产流水线

　　在现代化的汽车生产线和工业生产现场，各种机器人是必不可少的，机器人以其工作效率高、时间长、"不知疲倦"、安装精确，不"惧怕"恶劣环境等优点，成为汽车生产及其他工业生产(如搬运机器人、焊接机器人等)的有力工具。

　　图 7-7 所示就是汽车装配机器人的工作场景。

图 7-7　汽车装配机器人的工作场景

这些不知疲倦的汽车装配机器人就是工业机器人的一种。那么，什么是工业机器人呢？它是不是符合机电一体化设备的特征呢？

1. 什么是工业机器人

1) 什么是机器人

机器人的历史并不算长，1959 年美国英格伯格和德沃尔制造出世界上第一台工业机器人，机器人的历史才真正开始。从上面图 7-7 中可以看出，机器人并不都具有人的外形。国际上对机器人的概念已经逐渐趋近一致：机器人是靠自身动力和控制能力来实现各种功能的一种机器。联合国标准化组织采纳了美国机器人协会给机器人下的定义："一种可编程和多功能的，用来搬运材料、零件、工具的操作机，或是为了执行不同的任务而具有可改变和可编程动作的专门系统。"

我国的机器人专家从应用环境出发，将机器人分为两大类，即工业机器人和特种机器人。工业机器人是面向工业领域的机器人。而特种机器人则是除工业机器人之外的，用于非制造业并服务于人类的各种先进机器人，包括服务机器人、水下机器人、娱乐机器人、军用机器人、农业机器人、机器人化机器等。如图 7-8 和图 7-9 所示分别是服务机器人和农业采摘机器人。

图 7-8　服务机器人　　　　　　　　　　

图 7-9　农业采摘机器人

2) 什么是工业机器人

工业机器人实质就是面向工业领域的多关节机械手或多自由度的机器人。工业机器人是自动执行工作的机器装置，是靠自身动力和控制能力来实现各种功能的一种机器。它可以接受人类的指挥，也可以按照预先编排的程序运行，现代的工业机器人还可以根据人工智能技术制定的原则纲领行动。

工业机器人按程序输入方式区分为编程输入型和示教输入型两类。编程输入型是将计算机上已编好的作业程序文件，通过 RS-232 串口或者以太网等通信方式传送到机器人控制柜。

示教输入型机器人的示教方法有两种：一种是由操作者用手动控制器，将指令信号传给驱动系统，使执行机构按要求的动作顺序和运动轨迹操演一遍；另一种是由操作者直接引导执行机构，按要求的动作顺序和运动轨迹操演一遍。在示教过程的同时，工作程序的信息即自动存入程序存储器中。在机器人自动工作时，控制系统从程序存储器中检出相应信息,将指令信号传给驱动机构,使执行机构再现示教的各种动作。示教输入程序的工业机器人称为示教再现型工业机器人。图 7-10 所示就是示教操纵盒和示教软件界面。

(a) 示教操纵盒

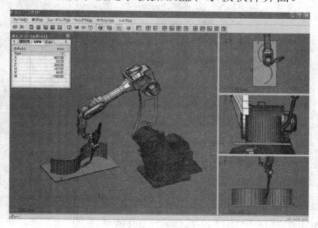

(b) 示教软件界面

图 7-10 示教操纵盒和示教软件界面

2. 工业机器人的分类

工业机器人的分类方法很多,按结构与运动形式可分为以下几类:

1) 直角坐标机器人

直角坐标机器人在空间上具有多个相互垂直的移动轴,常用的是 3 个轴,即 x 轴、y 轴、z 轴,如图 7-11 所示,其末端的空间位置是通过沿 x 轴、y 轴、z 轴来回移动形成的,是个长方体。此类机器人具有较高的强度和稳定性,负载能力大,位置精度高且编程操作简单。

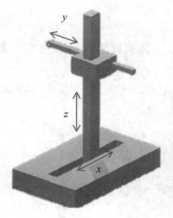

图 7-11 直角坐标机器人

2) 柱面坐标机器人

柱面坐标机器人的运动空间位置是由基座回转、水平移动和竖直移动形成的,其作业空间呈圆柱体,如图 7-12 所示。

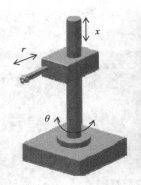
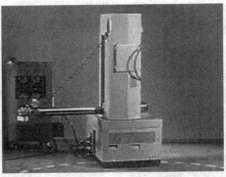

图 7-12　柱面坐标机器人

3) 球面坐标机器人

球面坐标机器人的空间位置机构主要由回转基座、摆动轴和平移轴构成，具有 2 个转动和 1 个移动自由度，其作业空间是球面的一部分，如图 7-13 所示。

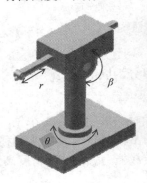

图 7-13　球面坐标机器人

4) 多关节型机器人

多关节型机器人由多个回转和摆动(或移动)机构组成。按旋转方向可分为水平多关节机器人和垂直多关节机器人。

(1) 水平多关节机器人。这类机器人是由多个竖直回转机构构成的，没有摆动或平移，手臂均在水平面内转动，其作业空间为圆柱体，如图 7-14 所示。

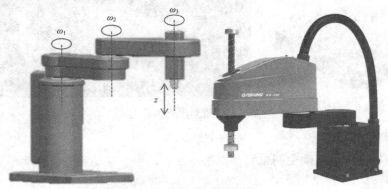

图 7-14　多关节型机器人

(2) 垂直多关节机器人。这类机器人是由多个摆动和回转机构组成的，其作业空间近似一个球体，如图 7-15 所示。

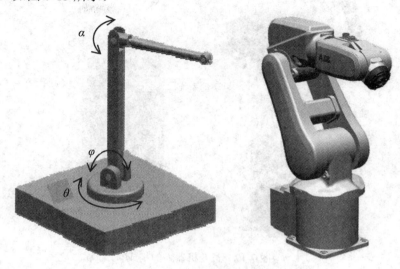

图 7-15　多关节型机器人

5) 并联型机器人

并联型机器人的基座和末端执行器之间通过至少两个独立的运动链相连接，如图 7-16 所示。并联机构具有两个或两个以上的自由度，且是一种闭环机构。

相对于并联型机器人而言，只有一条运动链的机器人称为串联机器人。

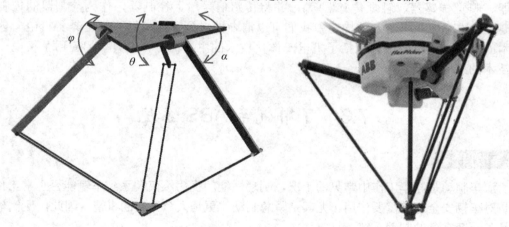

图 7-16　并联机器人

3. 工业机器人的构成

工业机器人一般由主体(手臂、手腕等)、驱动系统、控制器及传感器(图中未画出)等组成，如图 7-17 所示。

机器人手臂一般可以具有 3 个乃至更多的自由度(运动坐标轴)，机器人作业空间由手臂运动范围决定。手腕是机器人工具(如焊枪、喷嘴、机加工刀具、夹爪)与主构架的连接机构，它具有多个自由度。

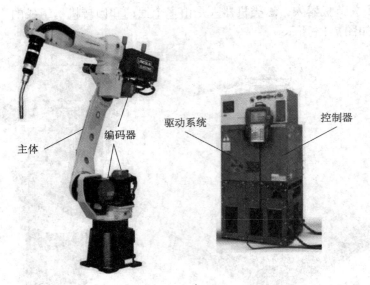

图 7-17　工业机器人的构成

驱动系统为机器人各运动部件提供力、力矩、速度、加速度，是让机器人实际动作的部分(如马达、液压装置、空压装置等)。

控制器用于控制机器人各运动部件的位置、速度和加速度，使机器人手爪或机器人工具的中心点以给定的速度沿着给定轨迹到达目标点。

传感器是机器人和现实世界之间的纽带，用于识别外部环境(视觉传感器、声音传感器、嗅觉传感器、触觉传感器等)，并将传感信号输入控制器，作为控制器的控制依据。从上述对工业机器人的描述中我们可以清晰地看到工业机器人完全具备机电一体化技术的特征，其组成部分包括了机电一体化技术的主要部分，是典型的应用了机电一体化技术的工业设备。

7.3　了解汽车 ABS 系统

▶案例导入

汽车制动是汽车工作中常见的工况，制动性能的优劣不仅关系到车辆能否正常工作，更是对车辆安全起着重要作用。尤其是紧急制动，更是人命关天的事情。因此，现代车辆都具备一套完备的制动系统。

ABS(Anti-lock Braking System)防抱死制动系统，通过安装在车轮上的传感器发出车轮将被抱死的信号，控制器指令调节器降低该车轮制动缸的油压，减小制动力矩，经一定时间后，再恢复原来的油压，不断地这样循环(每秒可达 5~10 次)。紧急制动时始终使车轮处于转动状态而又有最大的制动力矩，既可以制动，又使车辆转向能正常操作。

没有安装 ABS 的汽车，在行驶中如果用力踩下制动踏板，车轮转速会急速降低，当制动力超过车轮与地面的摩擦力时，车轮就会被抱死，完全抱死的车轮会使轮胎与地面的摩擦力下降，如果前轮被抱死，驾驶员就无法控制车辆的行驶方向，如果后轮被抱死，就极容易出现侧滑现象。

两种制动效果比较如图 7-18 所示。

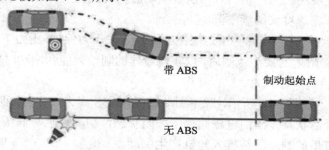

图 7-18　两种制动效果比较

从图中可以看出，没有 ABS 系统的车辆，紧急制动时由于前轮被抱死无法正常转向，会直直地冲向障碍物。而有 ABS 系统的车辆，在紧急制动时，可灵活地转向，这样就避开了障碍物。

那么，ABS 系统是如何构成，又是如何工作的呢？这是否是机电一体化技术的应用成果呢？

1. ABS 系统的工作原理

在常规制动阶段，ABS 并不介入制动压力控制，车轮的制动力由驾驶员踩制动踏板的力度决定。同时 ECU(电子控制单元)利用各个轮速传感器检测各个车轮的转速，然后由此计算出车速，判断轮胎和道路情况，当监测到某个车轮的轮速减速过大、滑移率过大、车轮趋于抱死时，ABS 就进入防抱制动压力调节过程。ECU 控制执行器调节此车轮的制动力，以控制轮胎的最佳滑移率 S_p(10%～30%)，避免车轮被抱死。

ABS 系统在车辆上的安装位置如图 7-19 所示。

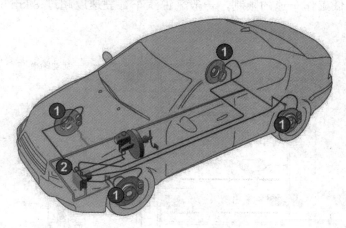

图 7-19　ABS 系统的安装位置

1—制动轮钳式制动器；2—ABS 液压制动泵及电脑

ABS 系统的原理构成如图 7-19 所示。

当轮速传感器检测到车轮的滑移率刚刚超过 S_p，出现抱死趋势时，ABS 控制器输出信号到制动压力调节器降低制动压力，减少车轮制动力矩，使车轮滑移率恢复到靠近稳定界

限 S_p 的稳定区域内，压力保持，车轮速度上升。

当车轮的加速度超过某一值时，再次将制动压力提高到使车轮滑移率稍微超过稳定界限，压力保持，车轮速度又继续下降。

ABS 系统按上述"压力降低-压力保持-压力上升-压力保持-压力下降"循环反复将车轮滑移率控制在 S_p 附近的狭小范围内，以获得最佳的制动效能和制动时的方向稳定性及转向操纵能力。

(1) 常规制动。如图 7-20 所示，踩下制动踏板，ABS 尚未工作时，两电磁阀均不通电，进油电磁阀处于开启状态，出油电磁阀处于关闭状态，制动轮缸与低压储液器隔离，与主缸相通。制动主缸里的制动液被推入轮缸产生制动。

(2) 压力保持。如图 7-20 所示，当 ABS 的 ECU 通过轮速传感器检测到车轮的减速度达到设定值时，使进油电磁阀通电关闭，出油电磁阀仍处于断电关闭状态，轮缸里的制动液处于不流通状态，制动压力保持。

(3) 压力减小。如图 7-20 所示，当 ABS 的 ECU 通过轮速传感器检测到车轮趋于抱死时，进、出油电磁阀均通电，轮缸与低压储液器相通，轮缸里的制动液在制动蹄复位弹簧作用下流到低压储液器，制动压力减小。同时电动回油泵通电运转及时将制动液泵回主缸，踏板有回弹感。当制动压力减小到车轮的滑移率在设定范围内时，进油阀通电，出油阀断电，压力保持。

(4) 压力增高。如图 7-20 所示，当 ABS 的 ECU 通过轮速传感器检测到车轮的加速度达到设定值时，进、出电磁阀均断电，进油阀开启，出油阀关闭，同时回油泵通电，将低压储液器的制动液泵到轮缸，制动压力增加。

需要指出的是，为避免 ABS 在较低的车速下制动时因制动压力的循环调节延长制动距离，ABS 有最低工作车速的限制，一般来说汽车行驶速度超过 8 km/h 时，ABS 才起作用。

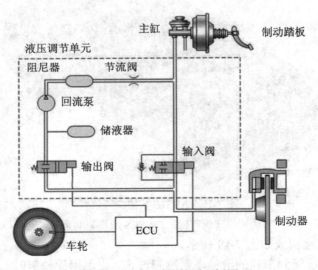

图 7-20　ABS 系统的原理框图

2. ABS 系统的构成

1) ABS 系统的构成

ABS 防抱死制动系统是在液压制动的基础上完成各个车轮制动力的调节的。ABS 的主要元件如图 7-21 所示。

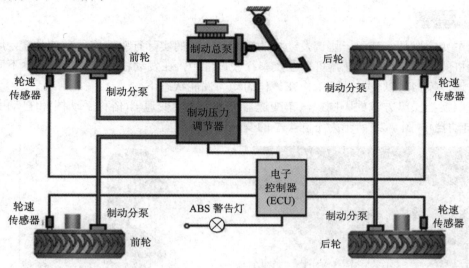

图 7-21　ABS 的主要元件

ABS 的主要组成部分如下:

(1) 常规液压制动系统。这部分主要包括制动总泵、连接油管、制动分泵、车轮制动器等。

(2) 轮速传感器。每个车轮均设有一个轮速传感器,检测各个车轮的转速。

(3) 电子控制单元(ECU)。ECU 处理轮速传感器的信号,然后由此计算出车速,判断轮胎和道路情况,控制执行器给每个车轮提供最佳制动力。

(4) 制动压力调节器。制动压力调节器根据来自 ECU 的指令工作,保持、减小或增大制动的液压力,以控制轮胎的最佳滑移率,避免车轮被抱死。液压单元的基本组成包括电磁阀、回油泵及低压储液器。电磁阀为两位两通,每个轮缸 2 个电磁阀,其中一个是常开进油阀、一个是常闭出油阀。

(5) 警告灯。警告灯包括仪表板上的制动警告灯和 ABS 警告灯。

2) 电子控制单元(ECU)

ABS 电子控制单元(ECU)是 ABS 的控制中枢。其主要功用是接受轮速传感器及其它传感器输入的信号,进行放大、计算、比较,按照特定的控制逻辑,分析判断后输出控制指令,控制制动压力调节器执行压力调节任务。

ABS 的 ECU 主要包括:输入级电路、计算电路、输出级电路及安全保护电路。安全保护电路由电源监控、故障记忆、继电器驱动和 ABS 警告灯驱动电路等电路组成。当发现影响 ABS 系统正常工作的故障时,能根据微处理器的指令切断有关继电器的电源电路,ABS 停止工作,恢复常规制动功能,起到失效保护作用,并将故障信息以代码形式存储在 ECU 存储器内,同时使仪表板上的 ABS 警告灯点亮,提醒驾驶员。电子控制单元一般安装在发动机舱、仪表板下或行李箱中比较安全的位置。

7.4　了解汽车自动变速器

案例导入

　　汽车变速器是一套用于协调发动机的转速和车轮的实际行驶速度的变速装置，用于发挥发动机的最佳性能。变速器可以在汽车行驶过程中，在发动机和车轮之间产生不同的变速比，通过换挡可以使发动机工作在最佳的动力性能状态下。

　　按照换挡操纵方法的不同，汽车变速器可分为手动变速器(俗称手动挡)和自动变速器(俗称自动挡)。图 7-22 所示为不同类型的变速器操纵装置。

图 7-22　汽车换挡操纵机构

　　手动变速器需要驾驶员根据车速的变化，配合离合器手动操纵。对驾驶员的操作技术要求比较高。随着机电一体化技术的发展，自动变速器越来越广泛地得到应用。下面我们来认识汽车自动变速器是如何工作的。

1. 自动变速器基本原理

　　目前，汽车自动变速器常见的主要有 4 种形式，分别是：

① 液力自动变速器(AT)。

② 机械无级自动变速器(CVT)。

③ 电控机械自动变速器(AMT)。

④ 双离合器自动变速器(Dual Clutch Transmission，DCT)。

　　目前轿车普遍使用的是液力自动变速器 AT(图 7-23 所示为其工作位置)。AT 是由液力变矩器、行星齿轮和液压操纵系统组成的，通过液力传递和齿轮组合的方式来达到变速变矩。其中液力变矩器是 AT 最重要的部件，它由泵轮、涡轮和导轮等构件组成，兼有传递扭矩和离合的作用。自动变速器的基本原理及构成如图 7-24 所示。

　　液力自动变速器根据汽车的行驶速度和节气门开度的变化，自动变换挡位。其换挡控制方式是通过机械方式将车速和节气门开度信号转换成控制油压，并将该油压加到换挡阀的两端，以控制换挡阀的位置，从而改变换挡执行元件(离合器和制动器)的油路。这样，工作液压油进入相应的执行元件，使离合器结合或分离，制动器制动或松开，控制行星齿轮变速器的升挡或降挡，从而实现自动变速。

图 7-23　AT 自动变速器的工作位置

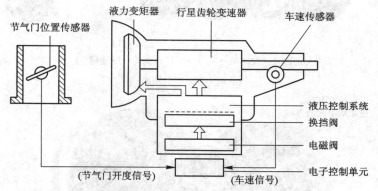

图 7-24　自动变速器基本原理

电控液力自动变速器是在液力自动变速器基础上增设电子控制系统而形成的。它通过传感器和开关监测汽车和发动机的运行状态，接收驾驶员的指令，并将所获得的信息转换成电信号输入到电控单元。电控单元根据这些信号，通过电磁阀控制液压控制系统的换挡阀，其打开或关闭通往换挡离合器和制动器的油路，从而控制换挡时刻和挡位的变换，以实现自动变速。

2. 自动变速器的主要构成

如前所述，自动变速器主要由液力变矩器、行星齿轮和液压(电气)操纵系统组成，其结构如图 7-25 所示。

图 7-25　自动变速器的结构

1—液力变矩器；2—行星齿轮组

1) 液力变矩器

液力变矩器位于自动变速器的最前端，安装在发动机的飞轮上，其作用与采用手动变速器的汽车中的离合器相似。它利用油液循环流动过程中动能的变化将发动机的动力传递到自动变速器的输入轴，并能根据汽车行驶阻力的变化，在一定范围内自动地、无级地改变传动比和扭矩比，具有一定的减速增扭功能。液力变矩器结构及工作原理如图 7-26 所示。

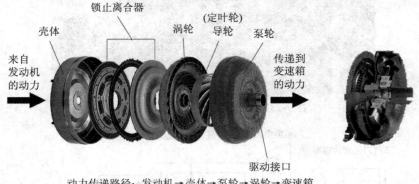

动力传递路径：发动机→壳体→泵轮→涡轮→变速箱

(a) 液力变矩器的结构

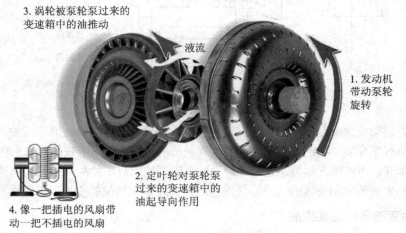

(b) 液力变矩器的工作原理

图 7-26　液力变矩器的结构和工作原理

2) 变速齿轮机构(行星齿轮)

自动变速器中的变速齿轮机构所采用的形式有普通齿轮式和行星齿轮式两种。采用普通齿轮式的变速器，由于尺寸较大，最大传动比较小，只有少数车型采用。目前绝大多数轿车自动变速器中的齿轮变速器采用的是行星齿轮式变速器，如图 7-25 所示。

自动变速器行星齿轮机构是自动变速器的重要组成部分之一，主要由太阳轮(也称中心轮)、内齿圈、行星架和行星齿轮等元件组成。行星齿轮机构是实现变速的机构，速比的改变是通过以不同的元件作主动件和限制不同元件的运动而实现的。在速比改变的过程中，整个行星齿轮组还存在运动，动力传递没有中断，因而实现了动力换挡。

换挡执行机构主要用来改变行星齿轮中的主动元件或限制某个元件的运动，改变动力传递的方向和速比。它主要由多片式离合器、制动器和单向超越离合器等组成。离合器的作用是把动力传给行星齿轮机构的某个元件，使之成为主动件。

制动器的作用是将行星齿轮机构中的某个元件抱住，使之不动。单向超越离合器也是行星齿轮变速器的换挡元件之一，其作用和多片式离合器及制动器基本相同，也是用于固定或连接几个行星排中的某些太阳轮、行星架、齿圈等基本元件，让行星齿轮变速器组成不同传动比的挡位。

3) 液压操纵系统

(1) 供油系统。

自动变速器的供油系统主要由油泵、油箱、滤清器、调压阀及管道组成。油泵是自动变速器最重要的组成部分之一，它通常安装在变矩器的后方，由变矩器壳后端的轴套驱动。在发动机运转时，不论汽车是否行驶，油泵都在运转，为自动变速器中的变矩器、换挡执行机构、自动换挡控制系统部分提供一定油压的液压油。油压的调节由调压阀来实现。

(2) 自动换挡控制系统。

自动换挡控制系统能根据发动机的负荷(节气门开度)和汽车的行驶速度，按照设定的换挡规律，自动地接通和切断某些换挡离合器和制动器的供油油路，使离合器接合或分开、制动器制动或释放，以改变齿轮变速器的传动比，从而实现自动换挡。

自动变速器的自动换挡控制系统有液压控制和电液压(电子)控制两种。液压控制系统由阀体和各种控制阀及油路组成，阀门和油路设置在一个板块内，称为阀体总成。不同型号的自动变速器阀体总成的安装位置有所不同，有的装于上部，有的装于侧面，纵置的自动变速器一般装置于下部。在液压控制系统中，增设控制某些液压油路的电磁阀，就成了电器控制的换挡控制系统，若这些电磁阀是由电子计算机控制的，则成为电子控制的换挡系统。

(3) 换挡操纵机构。

自动变速器的换挡操纵机构包括手动选择阀的操纵机构和节气阀的操纵机构等。驾驶员通过自动变速器的操纵手柄改变阀板内的手动阀位置，控制系统根据手动阀的位置及节气门开度、车速、控制开关的状态等因素，利用液压自动控制原理或电子自动控制原理，按照一定的规律控制齿轮变速器中的换挡执行机构的工作，实现自动换挡。

7.5　柔性制造系统简介

▶)案例导入

传统的生产工艺是在品种单一、批量大、设备专用、工艺稳定及效率高的情况下才能构成规模经济效益。反之，多品种、小批量生产、设备专用性低、加工形式相似的情况下，频繁地调整工具夹，工艺稳定难度增大，生产效率势必受到影响。为了同时提高制造工业的柔性和生产效率，使之在保证产品质量的前提下，缩短产品生产周期，降低产品成本，最终使中小批量生产能与大批量生产相抗衡，柔性制造技术便应运而生。以下详细阐述何为柔性制造技术。

1. 柔性制造技术

1) 柔性制造技术的定义

所谓柔性制造，即通过自动化柔性制造系统(FMS)进行不同形状、不同种类工件的制造，其技术总和称为柔性制造技术。由于生产技术相对密集，因而属于密集型技术群，其制造系统更加重视柔性，能够实现中小批量、多种类的产品加工。

所谓柔性，是指一个制造系统适应各种生产条件变化的能力，它与系统方案、人员和设备有关。系统方案的柔性是指加工不同零件的自由度。人员柔性是指操作人员能保证加工任务，完成数量和时间要求的适应能力。设备柔性是指机床能在短期内适应新零件的加工能力。

柔性制造技术是建立在数控设备应用基础上的，正在随着制造企业技术进步而不断发展的新兴技术，是一种主要用于多品种、中小批量或变批量生产的制造自动化技术。

2) 柔性制造技术的发展

柔性制造技术自诞生以后，在欧洲、美国、日本、俄罗斯有了较大的发展。据统计，1985 年世界各国已投入运行的 FMS 有 500 多套，1988 年近 800 套，1990 年超过 1000 套，目前约共 3000 多套 FMS 正在运行。我国是 1984 年开始研制 FMS 的，1986 年从日本引进第一套 FMS。

目前，随着全球化市场的形成和发展，无论是发达国家还是发展中国家都越来越重视柔性制造技术的发展，FMS 已成为当今乃至今后若干年机械制造自动化发展的重要方向，对机械制造企业重构和改造也起着重要作用。

2. 柔性制造技术的分类

柔性制造技术按规模大小可划分为：柔性制造单元(FMC)、柔性制造系统(FMS)、柔性制造线(FML)、柔性制造工厂(FMF) 四类。

1) 柔性制造单元(FMC)

柔性制造单元(Flexible Manufacturing Cell，FMC)是指由单台(或数台)数控机床、加工中心、工件自动输送及更换系统组成的加工单元。如图 7-27 所示。该单元根据需要可以自动更换刀具和夹具，以适应加工不同类型的工件的加工要求。柔性制造单元适合加工形状复杂、加工工序简单、加工工时较长、批量较小的零件。它有较大的设备柔性，但人员和加工柔性低。

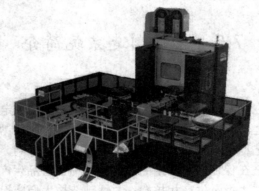

图 7-27　柔性制造单元

　　FMC 可以作为柔性制造系统(Flexible Manufacturing System，FMS)的基本单元，若干个 FMC 可以组成一个 FMS。

　　2) 柔性制造系统(FMS)

　　柔性制造系统(FMS)，是在成组技术的基础上，以多台(种)数控机床或数组柔性制造单元为核心，通过自动化物流系统将其连接，统一由主控计算机和相关软件进行控制和管理，组成多品种变批量和混流方式生产的自动化制造系统。图 7-28 为一种柔性制造系统。

图 7-28　柔性制造系统

　　柔性制造系统的组成如图 7-29 所示，由统一的信息控制系统(信息子系统)、物料储运系统(物流子系统)和一组数字控制加工设备(加工子系统)组成。整个系统由电子计算机实现自动控制，能在不停机的情况下满足多品种的加工。柔性制造系统适合加工形状复杂、加工工序多、批量大的零件。其加工和物料传送柔性大，但人员柔性仍然较低。

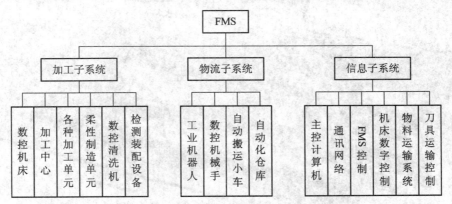

图 7-29　柔性制造系统的组成

　　3) 柔性制造(生产)线(FML)

　　柔性制造线(Flexible Manufacturing Line，FML)是处于单一或少品种大批量非柔性自动化生产与多品种中小批量柔性制造系统之间的生产线。它由自动化加工设备、工件输送系统和控制系统等组成。其加工设备可以是通用的加工中心、CNC 机床，亦可以采用专用机床或 NC 专用机床，对物料搬运系统柔性的要求低于柔性制造系统，但生产效率更高。图 7-30 为一种柔性制造生产线。

图 7-30　柔性制造生产线

　　柔性制造生产线与柔性制造系统之间的界限比较模糊，两者之间的主要区别是前者像刚性自动生产线一样，具有一定的生产节拍，工作沿一定的方向顺序传送，后者则没有一定的生产节拍，工件的传送方向也是随机性质的。

　　4) 柔性制造工厂(FMF)

　　柔性制造工厂(Flexible Manufacturing Factory，FMF)，如图 7-31 所示，是将多个柔性制造系统连接起来，配以自动化立体仓库，用计算机系统进行联系，采用从订货、设计、加工、装配、检验、运送至发货的完整的柔性制造系统。

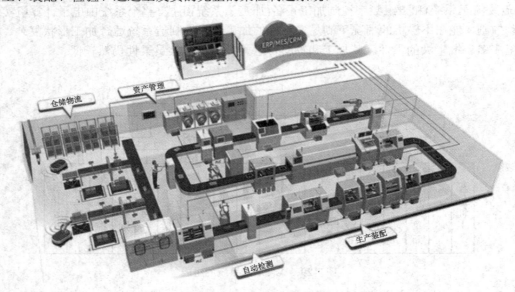

图 7-31　柔性制造工厂

　　柔性制造工厂将柔性制造系统 FMS 扩大到全厂范围内，实现了整个工厂的生产管理过程、机械加工过程和物料储运过程的全盘自动化。它包括 CAD/CAM，并将计算机集成制造系统(CIMS)投入实际运用，它将制造、产品开发及经营管理的自动化连成一个整体，其特点是实现了工厂的柔性化及自动化。柔性制造工厂是自动化生产的最高水平，反映了世界上最先进的自动化应用技术。

练 习 题

1. 简述数控机床的组成及工作原理。
2. 简述工业机器人的分类、组成及应用场合。
3. 简述汽车 ABS 的组成及工作原理。
4. 常见的汽车自动变速器有哪些类型？
5. 通过查阅资料，说明车速传感器的故障有哪些，应如何检查。
6. 液力自动变速器的优缺点各有哪些？
7. 液力自动变速器由哪些部分组成？各部分的功用是什么？
8. 柔性制造中 FMC、FMS、FML、FMF 的中文名称是什么？请解释什么叫 FMS？
9. 通过查阅资料，以你了解的柔性制造系统为例，说明传统生产制造和柔性制造的差别。

学 习 评 价

根据个人实际填写下表，进行自我学习评价。

学习评价表

序号	内容	考 核 要 求	配分	得分
1	熟悉数控机床	1. 能明确地说出数控机床的结构； 2. 能根据数控机床的组成,说出数控机床的工作原理及应用场合； 3. 能运用机电一体化系统观点分析数控机床的组成	20	
2	了解工业机器人	1. 能说出工业机器人的主要分类； 2. 能从机电一体化技术角度理解工业机器人的基本工作原理； 3. 能运用机电一体化系统观点分析工业机器人的组成	20	
3	了解汽车ABS 系统	1. 能说出汽车 ABS 的组成； 2. 能从机电一体化技术角度理解 ABS 的工作原理	20	
4	了解汽车自动变速器	1. 能说出汽车 AT 自动变速器的工作原理； 2. 对照自动变速器，能正确地指出其各部分名称及作用； 3. 能结合已经学习的专业知识，查阅其他资料，分析其他类型自动变速器的工作原理； 4. 能分析出 AT 自动变速器的机电一体化技术特征	20	
5	柔性制造系统	1. 能说出柔性制造技术的定义、类型； 2. 能理解何为柔性制造的"柔性"； 3. 能说出柔性制造系统的定义； 4. 能总结出柔性制造技术各类型的特点和其机电一体化技术特征	20	
备注			自评得分	

参 考 文 献

[1]　王丰，等. 机电一体化系统[M]. 北京：清华大学出版社，2017.

[2]　郭文松，刘嫒嫒. 机电一体化技术[M]. 北京：机械工业出版社，2017.

[3]　倪依纯. 机电一体化技术基础. 2 版[M]. 北京：北京理工大学出版社，2018.

[4]　胡立平. 机电一体化技术基础[M]. 北京：高等教育出版社，2010.

[5]　梁志彪. 机电一体化概论[M]. 北京：电子工业出版社，2014.

[6]　吕汉明. 纺织机电一体化[M]. 北京：中国纺织出版社，2016.

[7]　张超敏，任玮. 传感与检测技术[M]. 北京：北京理工大学出版社，2019.

[8]　海涛，等. 传感器与检测技术[M]. 重庆：重庆大学出版社，2016.

[9]　朱仁盛，董宏伟. 机械制造技术基础[M]. 北京：北京理工大学出版社，2019.

[10]　吴晓苏，范超毅. 机电一体化技术与系统[M]. 北京：机械工业出版社，2009.

[11]　田宏宇. 数控技术[M]. 北京：科学出版社，2008.

[12]　蒋丽. 数控原理与系统[M]. 北京：北京航空航天大学出版社，2010.

[13]　王猛，杨欢. PLC 编程与应用技术[M]. 北京：北京理工大学出版社，2018.

[14]　张燕红. 计算机控制技术. 2 版[M]. 南京：东南大学出版社，2014.

[15]　张明文. 工业机器人基础与应用[M]. 北京：机械工业出版社，2018.

[16]　董达善. 港口起重机[M]. 上海：上海交通大学出版社，2014.

[17]　徐翔民. 先进制造技术[M]. 成都：电子科技大学出版社，2014.

[18]　陈映波，等. 汽车自动变速器构造与维修[M]. 成都：电子科技大学出版社，2017.

[19]　惠有利，沈沉. 汽车构造[M]. 北京：北京理工大学出版社，2016.